KB245249

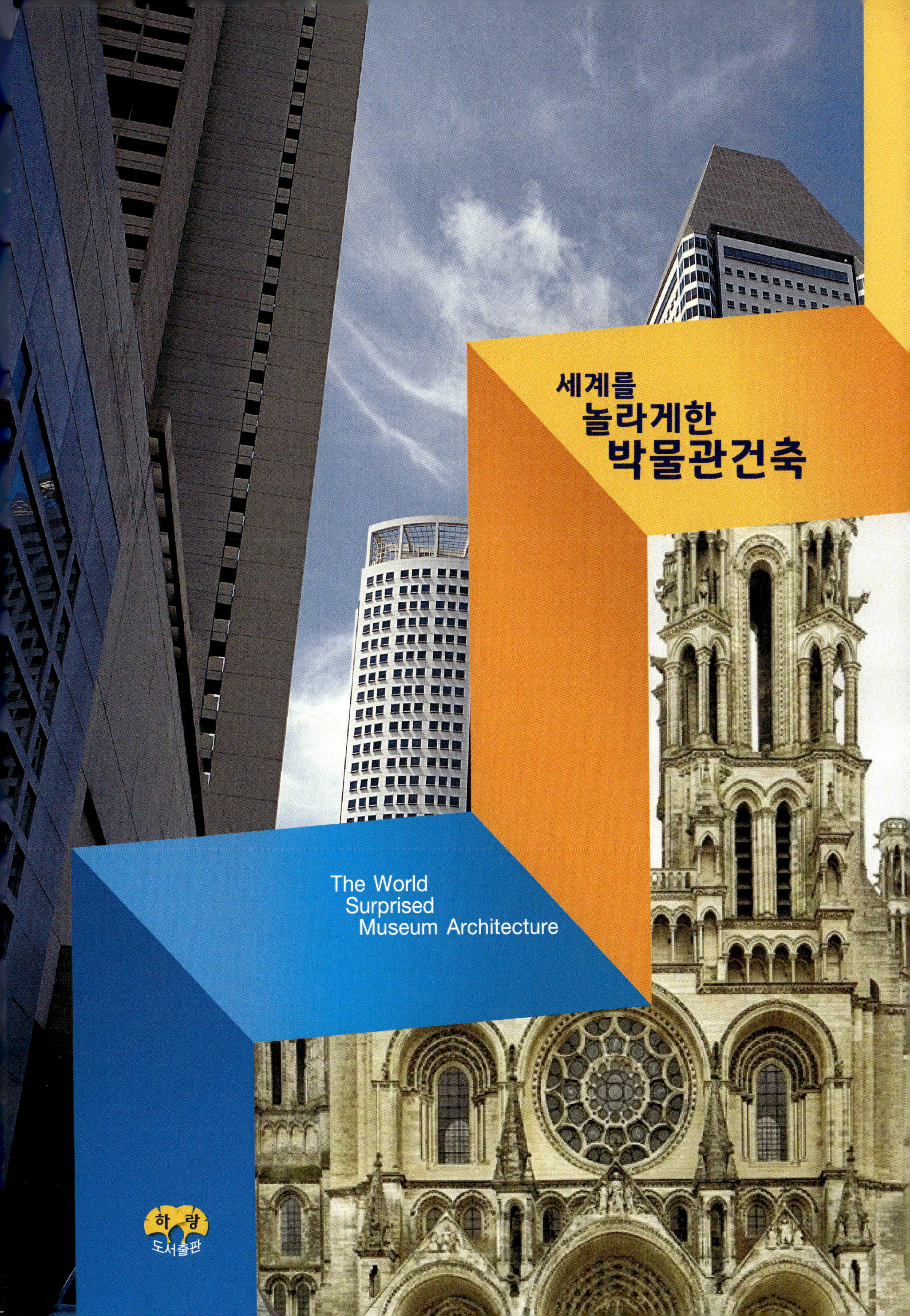

세계를
놀라게한
박물관건축
The World
Surprised
Museum Architecture
하 랑
도서출판

세계를 놀라게한 박물관건축

발행일 : 2025년 9 월 01일
출판사 : 하랑출판
주   소 : 서울시 중구 퇴계로28길 8
전   화 : 02-2263-3337

CONTENTS

005 ...... 베를린 사이언스 센터

017 ...... 베를린 유태인 뮤지엄

033 ...... 고대사 박물관

049 ...... 그로닝겐 뮤지엄 동관(東館)

059 ...... 독일 선사 박물관

071 ...... 키르히너 뮤지엄

083 ...... 펠릭스 누스바움 뮤지엄

095 ...... 바젤의 장 틴겔리 뮤지엄

109 ...... 로테르담 자연사 박물관

123 ...... 베를린 유태인 뮤지엄

135 ...... 발라프 리하르츠 뮤지엄

145 ...... 니더로스테르라이히 뮤지엄 홀

161 ...... 바이엘러 파운데이션 뮤지엄

제임스 스털링(James Stirling)이 설계한 이 건물은 기존의 보자르식 건물에 여러 동의 건물 군을 엮어 구성하고 있다. 주변에는 미스 반데 로에의 내셔널 겔러리가 있는데, 본 건물은 화려한 색채를 사용하여 서로 대조적인 인상을 주고 있다. 건물의 전체 배치는 부정형을 이루고 있지만, 각각의 매스는 정확한 기하학적 형태를 취하고 있고, 고전적인 형태어휘들을 단순화시켜 디자인에 적용하고 있다.

건물은 기존 건물 뒤편에 펼쳐져 있으면서 서로 연결되어, 가운데 조용한 부정형의 중정을 형성하고 있다. 안뜰에 접한 5개 건물은 다양한 표정을 제공하고 있는데, 길게 늘어선 매스의 연구실 동에 부속되는 로지아 (기둥만 있고 벽이 없는 복도), 육각형 평면의 높은 도서관동, 반원형 평면의 아레나 동, 한층 더 황토색의 타일 붙은 보자르적인 외관 등 정부기관으로 어색한 이미지를 제공하고 있다. 전면에서 보면 보자르식 건물의 전형적인 형태에 뒤로 보이는 화려한 색채의 건물이 눈에 들어오며, 서로 다른 건물 용도의 건물로 착각을 일으킬 정도의 이질적인 인상을 준다. 그러나 이것은 건축가 제임스 스털링(James Stirling)의 의도한 서로 상반된 이미지를 통해 정부기관의 딱딱한 이미지를 친근한 것으로 바꾸고자 한 것이다. 이 건물은 미스의 내셔널 겔러리 인접하여 위치하고 있다. 주 진입은 주 도로 측에 접해있는 보자르 양식의 기존 건물을 통해 이루어지고, 부 출입구가 대지 왼쪽과 뒷편에 있는데, 주장과 연계되어 있으며 다양한 프로그램에 따른 각각의 시설들로 통한다. 가운데 중정을 둘러싸고 있는 기하학적인 매스들은 불규칙한 배치로 인해 부정형을 이루고 있으나 이 매스들은 중정을 중심으로 서로 연결되어 동선이 순환되고 있다.

James Stirling의 건축사고방식

: 제임스 스털링의 〈베를린 사이언스 센터〉에 대한 일반적 평가

제임스 스털링(James Stirling)

마이클 윌포드(Michael Wilford)

베를린의 〈사이언스 센터〉를 본 사람은 그 건물로부터 받는 인상에 다소 이상한 분위기를 느낄 것이다. 이 건물은, 그의 작품 가운데에서도 쉽게 찾아볼 수 없는, 단순한 건축방식이 아닌 하나의 컴플렉스, 즉 복합체를 이루고 있기 때문이다. 시각을 통해 인식할 수 있는 몇몇 형태적 특징들은 대략 다음과 같은 것이 될 것이다. 첫째로 중정을 둘러싸고 형성되고 있는 건물의 방어적 자세이다. 그러나 중정은 건물에 의해 둘러싸였다기보다는 건물 이외의 여분의 비어있는 곳의 총체라고 하는 편이 올바르다. 이것은, 두 번째의 클러스터 모양의 평면 형성이라는 특징으로 연결되고 있다. 그것은 회화에 있어서의 꼴라쥬나 아상블라쥬(assemblage)와 같은 수법을 떠올리게 할 정도이다. 더욱이 이것은 세 번째 특징인 특이한 축성(軸性)을 환기시킨다. 즉, 다수의 축의 존재와 그러한 축 상호간의 계층성의 부재가 동시에 양립한다. 이것은, 단순한 다축성(多軸性)과는 다른 의미를 갖고 있다. 즉, 1차적인 축과 2차적, 3차적 축과 같은, 축의 순위 메김이 없다는 것이다. 그 결과, 네 번째 특징인 동형이의적(同形異意的)인 것이 공존하게 된다. 여기에는 19세기부터 존

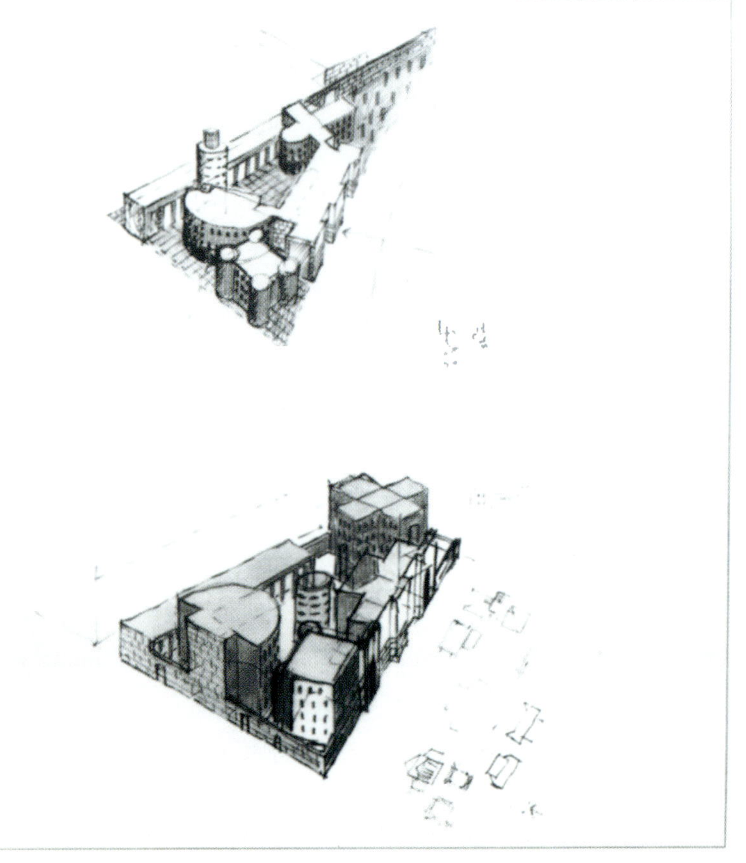

재하는 기존의 건물이 있고, 드럼과 같은 원형의 건물도 있으며, 그리스 십자형의 건물도 있고, 직사각형의 건물도 있다. 그리고, 당연히 이것들은 이질의 재료에 의해 만들어지고 있다. 또한, 이 건물 복합체에서는 그 재료의 차이가 일정한 규칙에 의해 조정되고 있다. 즉, 다섯 번째 특징인 줄무늬의 패턴이 그것이다.

스털링의 작품을 연대순에 따라 주의 깊게 검토해 보면, 〈베를린 사이언스 센터〉에 이르러 개략적인 특징이, 두 개 내지 세 개정도 서로 교착되면서, 지금까지의 하나 하나의 작품의 특징을 나타내고 있다는 사실을 알 수 있다. 예를 들어, 방어적 자세 내지는 중정을 둘러싸고 있는 건물의 형성이라는 관점에서 보면, 이전에 이미 〈처칠 칼리지〉와 〈셀빈 칼리지〉, 〈퀸스 칼리지〉 그리고 〈데이비 타운 센터〉 등이 있다. 그 중에서도, 〈노스 라인 웨스트팔리아 미술관〉과 〈슈투트가르트 국립 미술관〉에서는, 건물 속에 명시적으로 규정된 중정이 존재하고 있다. 주축–부축과 같은 계층적인 축성의 부재라는 시점에서 보면, 〈레스터 공과대학〉과 〈캠브리지 대학〉, 그리고 〈올리베티〉 등도 포함될 것이다. 동형이의적인 것의 병존이라는 시점 역시, 동일하게 대부분의 작품에서 보여진다.

또한 줄무늬의 패턴은, 〈상트 앤도르즈 대학〉, 〈올리베티〉, 〈사우스 게이트 집합주택〉, 〈슈투트가르트 국립 미술관〉, 〈라이스 대학〉과 같은 모두 실현된 작품에서 볼 수 있다. 지금까지의 작품에서 볼 수 있는 것의 특징은 클러스터 모양의 평면이 형성되어 있다는 것이다. 그러나, 이것은 제임스 고원과 공동 대표의 관계에 있던 당시의 주택 계획안에 있어 시도되고 있다. 이러한 것으로부터 살펴보면, 〈베를린 사이언스 센터〉는 스털링의 39년 간의, 다방면에 걸친 설계 활동에 있어 현시점에서의 구두점으로 간주할 수가 있게 된다.

스털링의 〈베를린 사이언스 센터〉를, 디자인 방법론의 시점으로부터 고찰할 때, 그것은, 하나의 방법론이 다른 방법론으로 교체되는 계기를 포함하고 있다는 것을 의미하고 있다. 카르테시안 기하학의 직교좌표를 배경으로 해 만들어진, 듀랑의 〈프레이시〉로부터 시작해, 르 꼬르뷔제의 "도미노 시스템"에 의해 정식화된 그리드 플래닝이 무효화 되려 하고 있는 것이다. 그리드 시스템에 의하면, 모든 건물은 "지지하는 것"과 "지지되는 것"이라는 관계로 한원된다. "지지하는 것"은 기둥과 보이며, "지지되는 것"은 비닥괴 지붕이다.

이러한 요소로부터 이루어진 구조는 "트라비테(trabeate)"라고 불리우지만, 그것이 의미하는 것은 해부학에서 말하는 결합 조직의 섬유기둥과 같다. 즉, 어떠한 요소도 구조체로부터의 분리를 허용하지 않는다. 또한, 이 시스템에 의해 어떠한 요소도 모두 중성화되어 버린다. 따라서, 구조체에는 외연적인 연속만이 인정될 수 있는 것이다. 데카르트가 자신의 기하학을 "보편 수학"이라고 명명한 것처럼, 이 연속적인 구조를 지닌 공간은 "유니버설 스페이스"라고 불리웠다. 그리고, 이 공간은 긴밀히 조직된 것이었다. 이 공간이 지표면을 피복하려고 했던 시기가 있었다. 즉, 이 공간은 하나의 세계관이었다. 그러니까, 이 세계관의 위기가 그리드 시스템의 붕괴를 초래했던 것은 불가피했던 일이었다. 그렇다면, 그 위기나 붕괴는 어떠한 디자인 방법론을 가져오게 하였을까.

루이스 칸은 건축을 정의하길, "공간을 사고하며 만드는 일"이라고 했다. 여기서 공간이란 수학적 대상이 되는 절대적이고 추상적인 것을 말하는 것이 아니다. 그것은, 지각의 대상인 가변적이며 구상적인 공간을 말한다. 그것은 공기와 빛과 소리와 향기조차 포함한 물질적인 공간이다. 공기의 대류나 복사, 빛의 굴절이나 반사, 소리의 반향이나 공명, 냄새의 전파나 잔존 등의 물리학적, 화학적 작용으로 가득 찬 공간이다.

이 물질적 공간은 "둘러싸는 것"과 "둘러싸이는 것"으로부터 이루어진다. "둘러싸는 것"이란 벽과 지붕을 말하며, "둘러싸이는 것"이란 아우라(aura)를 말한다. 이러한 요소들로부터 이루어진 구조는 외연적 연속성과

베를린 사이언스 센터

함께 내포적 독립성을 갖추고 있다. 이러한 구조를 갖는 공간은 서로 독립해 있으며, 각각의 특성을 공유하는 것은 아니다. 즉 여기에는, 그리드 시스템은 성립하지 않는다. 독립된 하나 하나의 물질적 공간을 "무리 짓는(constellate)" 도상적 패턴이 상정된다. 그것은, 정확히 하나의 별을 다른 별과 연관시키고, 접속시킴으로서 도상적 의미를 만드는 성좌라고 하는 우주적 스페이스이다. 그런 이유에서, 피타고라스는 코스모스라는 말에 질서라는 의미를 부여했던 것이다. 이 물질적 공간을 둘러싸고, 또 하나, 더욱 중요한 사태가 일어나고 있다. 그것은, 공간의 물질성에 대한 건축가의 자세에 있어서의 차이이다. 공간의 물질성을 그대로 물질화하는 것, 즉 물질적 조건을 표현의 여건으로 삼는 자세가 그 첫 번째 이다. 다음은 물질적 조건을 기술적 조건으로 치환하려고 하는 자세가 두 번째이다. 더욱이, 그것을 탈물질화 하려는 것, 즉 물질적 조건 그 자체를 표백하려고 하는 자세가 세 번째이다. 물론, 대부분의 건축가는 제일 첫 번째의 자세 또는 두 번째의 자세를 취하고 있는 것이 일반적이지만, 세 번째의 자세에 의해, 또 다시 데카르트 기하학이 재현할지, 예측하지 못하는 상황에 있다. 프랙탈 기하학이나 퍼지 이론에 대한 건축가의 관심은 그것을 바로 그것을 말하는 것이다.

사 이 언 스 센 터 에   대 한   제 임 스   스 털 링 의   설 명

슈튜트가르트에서 우리 사무실을 베를린으로 옮긴 것은 〈슈튜트가르트 시립미술관〉이 완성되었던 때였다. 실제의 완성은 아직 조금 남았었지만 이 건물은 1988년 5월 9일에 정식으로 준공되었다. 비센샤프츠젠트룸(Wissenschaftszentrum), 즉 〈사이언스 센터〉는 환경, 사회, 경영 등 군사문제를 제외한 모든 중요한 문제를 다루기 위한 정부의 연구기관으로서, 마치 씽크 탱크(Think Tank), 즉 두뇌중추의 역할을 하는 것이었다.

건물이 있는 대지 주변에, 전쟁 때 살아 남은 옛 보자르식 건물은(독일 제국의사당을 디자인한 건축가의 손에 의해 만들어졌다) 보존되어야 했는데, 우리들은 그것을 문서과(文書課)와 회의장으로서 사용되도록 개축하기로 했다. 입구 홀에서는 입구를 막고 있던 분수를 없애고 옛 건물의 배후에 만들어진 새로운 주랑으로 유도하는 계단이 있는 개구부를 설치했다. 이렇게 함으로서, 이곳을 방문하는 사람들은 직접 옛 건물을 통과하여, 이곳에서 떨어져 서있는 건물의 입구가 설치된 정원으로 걸어가게 된다.

6

7

우선 가장 처음의 요구사항으로는 많은 수의 오피스를 확보하는 것이었다. 연속되는 작은 실을 완성시키는 프로그램으로부터 건축적 또는 환경적인 해결책을 보여주기 위한 방법을 진행해 갔다. 극히 단순하게 우리들은 그것을 단순한 하나의 오피스 빌딩으로 만들어내기로 했다. 그리고 오피스 빌딩의 디자인은 근대적인 빌딩과 같이 평범한 상자로 처리되었다. 설계경기에 제출된 디자인은 환경학, 사회학, 경영학, 이 세 가지의 부문에 대해 각각 기능하고 있으며, 또한 여기에 더해, 장래 증축을 위한 요소와 탑의 공문서 보관소도 포함하여, 옛 건물과 일체가 된 5개의 건물이 계획되었다. 이 건축적인 앙상블의 중심에 각각의 부분은 각각 개성 있는 건물들로 이루어진다. 그러나 각각의 건물은 모든 층에서 인접하는 건물에 연결되어 있기 때문에, 전체로서는 단일한 연구소로서 기능하게 된다.

건물의 형태를 다양화하면서, 각각의 동에 창을 벽지와 같이 설치함으로서 마치 외피와 같은 이미지를 표현하였다. 각각의 창은 그 실의 중앙부에 설치되었으며, 커튼이나 책장을 갖춘 칸막이 벽이 양측으로 설치되어 있다. 창은 두꺼운 외벽의 환상과 안정감을 실내에 부여하고 있다.

이와 같이, 옛 건물과 새로운 건물은 하나의 중정을 중심으로 모여있으며, 유리지붕이 설치된 로지아는 주랑과 원통형의 건물에 편입되어 있다. 주랑은 옛 건물의 중앙에 만들어져 있는데, 그것은 또한 십자형의 건물의 단부가 되기도 한다. 전부 4개의 아케이트가 중정 주변에 설치되어 있는데, 우리들은 여기에 소위 "연구소적인" 환경과는 정반대의 관료적이지 않고 신선한 장소를 만들어내었다.

건물의 기초에는 슈투트가르트의 "화장석 벽"과도 유사한 피복된 석재를 사용했지만, 그 표면은 주로 층 높이마다 교차되면서 색이 다른, 독일어로 "putz"라고 불리우는 스터코 마감으로 되어 있다. 우리들은 슈투트가르트에서 행정기관의 건물과 공식 회의장의 외벽에 스터코를 사용하기도 했다. 베를린에서는 스터코로 마감되어 있는 건물이 상당히 많지만, 그것들은 대개 회색이다. 그것도 짙은 회색 또는 오염된 회색이다. 그러나 회색일 필요는 없다. 스터코는 어떤 색도 가능하다. 우리들은 얼음과 같이 맑은 청색, 또는 토르코 석의 청록색과 같은 신신한 색을 사용하고 있다. 헬싱키나 싱트 페테르부르크의 네오 글라식한 건물이나 이딜리아의 오렌지색과 유사한 색 또는 불에 탄 호박색의 건물에서 영향을 받았는지도 모른다.

문제는 어떻게 평범하지 않게 "putz"를 칠할 것인가 였다. 독일에서 그러한 일을 성공적으로 수행한다는 것은 무척 어려운 일이었다. 독일의 시공자들은 그것을 평탄하고 윤택있게 스터코를 처리해버리고 만다. 샤로텐부르그 궁전의 배면에서 그 중후한 건물과 조화를 이루면서 스터코를 바르고 있던 두 명의 연로한 직인들을 알기 전까지만 해도, 그것을 가능하게 처리할 수 있던 직인은 아무도 없었다. 우리들의 직공들에게 그 처리방법, 잃어버렸던 옛날의 기술을 현장에서 가르쳐주기 위해, 일 주일간 이 두 명의 연로한 기술자들이 고용되었다.

로지아의 기둥은 프레케스트 콘크리트이며 평면상 삼각형이다. 주두는 우선 우수관을 지지하며 그곳에서부터 지붕의 트러스를 지지한다. 기둥의 기초는 돌로 만들어진 두꺼운 부재이며 토사가 포함된 비가 흘러내릴 때 각각의 기둥이 파이프 오르간과 같이 공명하는 음을 연주한다. 날씨가 좋은 날에는 무엇이라 말할 수 없는 신비한 음악과 같은 불가사이한 음이 이 복도에서 들려온다. 준공 때, 밴드와 댄스 그리고 먹고 마시는 성대한 파티가 있었다. 여기에서 그 때 나는 짧은 연설을 했고 그것을 토대로 이 글을 쓰고 있는 것이다.

Berlin Science Center

Reichpietschufer 50, Berlin-Tiergarten, Germany, 1988, James Stirling

작품설명

| 디자인 컨셉 |

이 건물은 기존의 보자르식 건물에 여러 동의 건물 군을 엮어 구성하고 있다. 주변에는 미스 반 데 로에의 내셔널 갤러리가 있는데, 본 건물은 화려한 색채를 사용하여 서로 대조적인 인상을 주고 있다. 건물의 전체 배치는 부정형을 이루고 있지만, 각각의 매스는 정확한 기하학적 형태를 취하고 있고, 고전적인 형태어휘들을 단순화시켜 디자인에 적용하고 있다. 건물은 기존 건물 뒤 편에 펼쳐져 있으면서 서로 연결되어, 가운데 조용한 부정형의 중정을 형성하고 있다. 안뜰에 접한 5개 건물은 다양한 표정을 제공하고 있는데, 길게 늘어선 매스의 연구실 동에 부속되는 로지아(기둥만 있고 벽이 없는 복도), 육각형 플랜의 높은 도서관동, 반원형 플랜의 아레나동, 한층 더 황토색의 타일 붙은 보자르적인 외관 등 정부기관으로는 어색한 이미지를 제공하고 있다. 전면에서 보면 보자르식 건물의 전형적인 형태에 뒤로 보이는 화려한 색채의 건물이 눈에 들어오며, 서로 다른 건물 용도의 건물로 착각을 일으킬 정도의 이질적인 인상을 준다. 그러나 이것은 건축가 James Stirling의 의도한 서로 상반된 이미지를 통해 정부기관의 딱딱한 이미지를 친근한 것으로 바꾸고자 한 것이다.

| 프로그램 |

이 건물은 환경 과학 · 사회과학 · 경영관리를 중심으로 한 정부의 특별 연구기관이다. 다양한 연구자들이 실시하는 연구 활동에 대해서 가능한 한 최고의 지원을 위한 프로그램을 가지는 센터이다.

| 동선순환체계 |

이 건물은 미스의 내셔날 겔러리에 인접하여 위치하고 있다. 주 진입은 주 도로측에 접해있는 보자르 양식의 기존 건물을 통해 이루어지고, 부 출입구가 대지 왼쪽과 뒷편에 있는데, 주차장과 연계되어 있으며 다양한 프로그램에 따른 각각의 시설들로 통한다. 가운데 중정을 둘러싸고 있는 기하학적인 매스들은 불규칙한 배치로 인해 부정형을 이루고 있으나 이 매스들은 중정을 중심으로 서로 연결되어 동선이 순환되고 있다.

| 구조 시스템 |

기존의 보자르 양식의 건물에 증축하여 서로 연결시킨 시스템을 가지고 있다. 건물의 외부는 스털링이 많이 사용하는 밝은 색채의 대리석으로 하단부를 마감하고, 상부는 화려한 파스텔톤으로 마감하고 있다. 전반적으로 솔리드한 입면에 개구부만 규칙적으로 표현된 벽식 구조로 이루어져 있고, 중정부분의 로지아는 콘크리트와 철골로 조합되어 있다.

| 주요 디테일 |

- **육각형 도서관**: 상대적으로 다른 매스보다 높게 구성되어 외부에서나 중정에서 인지도를 높인다.
- **중정**: 형태적으로는 부정형을 이루지만 폐쇄된 공간을 이루면서 평온한 공간을 제공 한다.
- **창틀 프레임**: 고전적인 건축어휘를 현대적으로 단순화시켜 사용하고 있다.
- **중정 로지아**: 폐쇄적인 중정에 공간적 깊이를 제공한다.

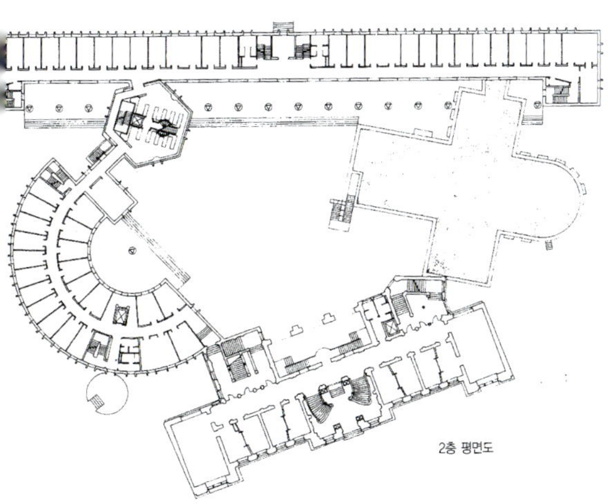

2층 평면도

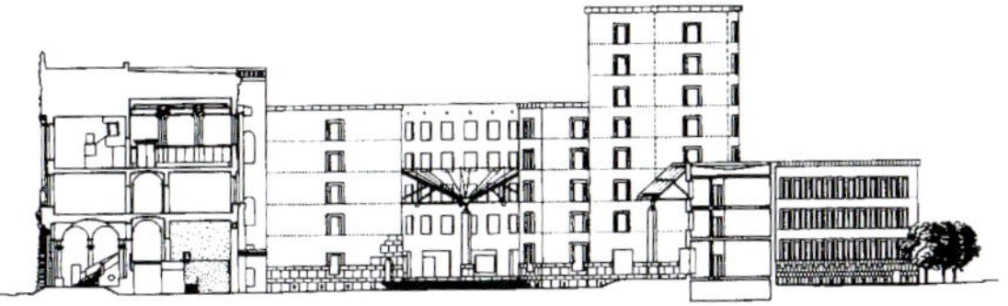

단면도

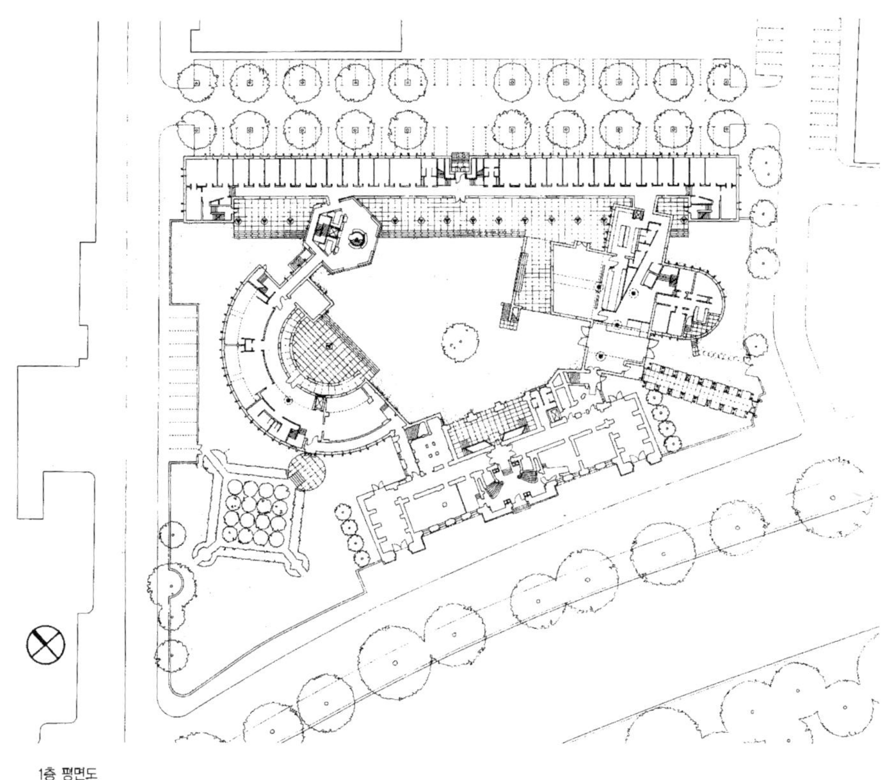

1층 평면도

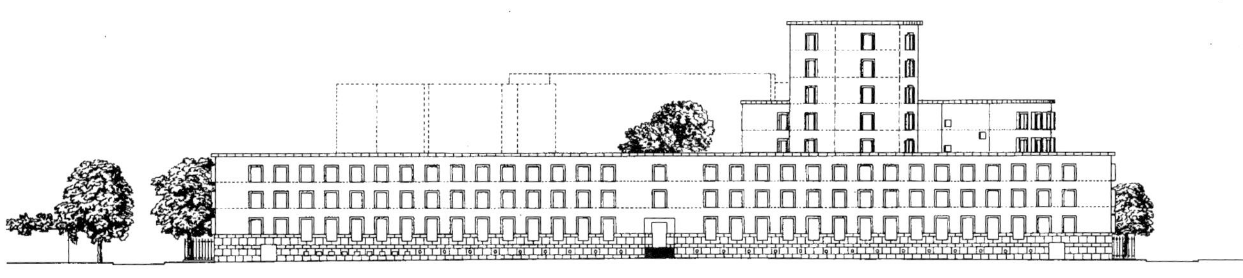

입면도

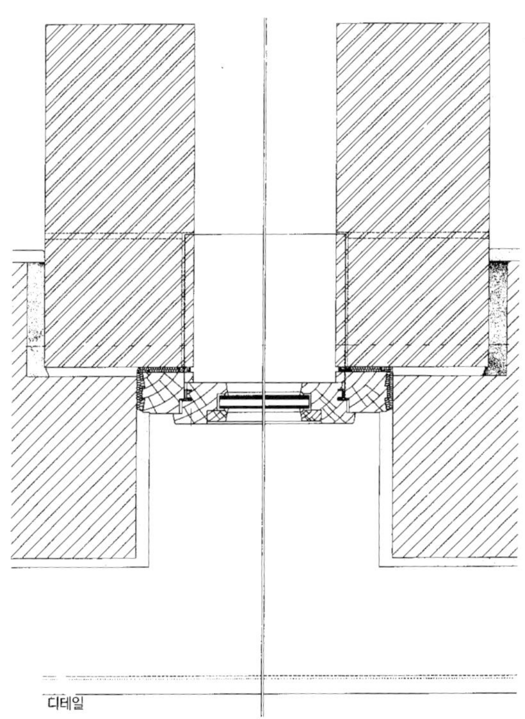

디테일

베를린 유태인 뮤지엄
Jewish Museum in Berlin

다니엘 리베스킨(Danial Libeskind)는 이 건물의 주제를 "선과 선 사이" 이라고 정의하였다. 이것은 대립적 이율배반적인 선들이 공존한다. 하나는 직선적인 선이면서 파괴된 무수한 단편을 가지고 있고 다른 하나는 꺾인 선이지만 무한하게 계속되는 선이다. 그는 또한 베를린에는 '외관매트릭스' 혹은 '관계(링크)의 기억'이 있다는 것을 발견하였다. 그러한 요소로서 인용했던 것으로는 사라진 유태인 예술가들의 흔적, 아놀드 쇤베르그(Arnold Schönberg) 작곡의 미완성 오페라 '모세와 아론', 베를린에서 추방된 유태인들의 행방, 그리고 발터 베냐민(Walter Benjamin)의 저서 'One way street'등 이다. 새로운 '유태 박물관'은 낡은 바로크 양식의 '베를린 박물관' 가운데를 지나 지하로 접근하게 된다. 거기로부터는 3개의 길이 갈라지고, 각각 특색 있는 전시를 구성하고 있다. 건물의 평면형은 그의 'line of fire'의 발전 형태이다. 긴 막대의 공간을 압축해서 굴절시킨 것 같은 형상으로, 그것을 보이드 공간이 수용하고 있다. 그리고 브릿지에 의해서만 횡단 가능한 보이드 공간은 이 박물관의 특징이다. 「유태 박물관」은 다니엘 리베스킨(Danial Libeskind)의 첫 건축 작품으로서 그는 종래의 박물관 형식을 넘어서는 새로운 박물관을 디자인하였다.

이 박물관은 기존의 베를린 박물관을 증축하여 새로운 프로그램으로 구성되었다. 박물관의 로비와 홀은 기존의 베를린 박물관을 활용하고 있고, 모든 공공 서비스는 이곳에서 이루어진다. 그리고 새로운 건물은 전시 시설과 사무실 등으로 활용되고 있다. '유태 박물관'의 전시 목적은 베를린의 역사와 그 유태 시민의 역사를 통합시키는데 있다. 그러므로 이 박물관은 단순히 자료를 전시하는 목적뿐만 아니라 공간을 통해 이미지를 전달하고자 한다.

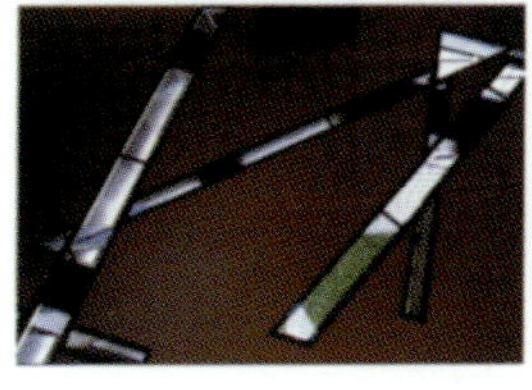

Daniel Libeskind의 건축사고방식

대담 – V.M. Lampugnani & D. Libeskind

VML(Vittorio Magnago Lampugnani): 당신의 건축에 있어서 유토피아는 침묵에 적당한 사적인 닫힌 장소를 마련하는 것이라고 생각합니다만, 이러한 유토피아를 베를린 박물관 증축 계획 같은 대규모의 프로젝트에 대해서도 추구할 생각입니까?

DL(Daniel Libeskind): 그렇습니다. 지금 내가 시도하는 것은 박물관의 중심부분에 베를린의 역사를 다른 각도에서 바라볼 수 있는 어떤 단절된 상황을 만들어내는 것입니다. 말 그대로 이질적인 방법에 의해 다른 각도에서 본다는 뜻입니다. 이 건물의 상당한 부분이 정해진 기능을 갖지도 않으며 갤러리도 아니고 특별한 장소가 아닌 곳입니다 내가 의도하는 곳은 당신이 말씀하신 것 같은 안쪽의 붐비지 않는 장소입니다.

VML: 이 미술관은 내재적인 특성 때문이 아니라 극히 특수한 형상과 특징을 갖고 있기 때문에 침묵의 고요함을 제공하는 장소가 되고 있습니다. 그러나 한편으로 당신의 건물은 베를린의 도시 경관 중에서 매우 강한 표지가 되고 있습니다. 당신은 그것에 모순을 느끼지 않습니까? 이런 호들갑스런 몸짓으로 가득 찬 세상에 그 의도가 전해진다고 생각합니까? 나는 매우 모순된 의사 표시라고 생각합니다. 이미 소음으로 가득찬 도시, 여러 가지 정보나 의견이 넘치는 도시에서 한층 더 큰 소리로 외치는 것이라 생각되지 않습니까?

DL: 그렇습니다. 도시라는 것은 벌써 그러한 모순으로 가득차 있다고 생각합니다. 그러나 사람은 항상 주어진 것에서부터 시작하지 않으면 안됩니다. 현재 도시 계획상, 건축상황 또는 문화의 고리로서의 베를린은 이 주어진 상황 위에 존재하는 것입니다. 그것이 당신이 조금 전 말씀하신 개인의 의사표시를 유발합니다. 건축물이 가지는 독특한 사명은 정책결정과 역사 사이의 모순 안에서 유사점을 찾아내는 것입니다. 그것은 양립되지 않는 차원으로 생각됩니다. 그것은 오스트레일리아 원주민이나 오세아니아의 사람들에게 전해지는 원시 음악이나 그리스의 고대 음악과 마찬가지라고 생각됩니다. 그런 음악은 항상 큰소리로 시작되며 인류학자나 민속학자들에게 절규와 같이 들립니다. 하나의 교향곡을 연주할 때 매듭짓기 위해 제일 마지막까지 연주하고 나서 정적으로 돌아가는 방식인 것입니다. 반대로 베토벤의 제 5 교향곡을 연주하는데 마지막 코드의 바로 전에서 그만 두었을 때 그 곡이 전혀 귀에 남지 않는 것처럼 느껴지지는 않습니까. 비록 기술적인 면에서 99.99%를 만족했다해도 정적으로 "되돌리는" 시간을 갖기 위해서는 이 교향곡을 기억에서 지워버리는 마지막 순간이 필요합니다. 그래서 아무것도 듣지 않았던 것 같은 생각이 드는 것이라고 생각합니다. 거기에 음악의 목적이 있다고 생각합니다. 그것은 조용한 비음악적인 충족감을 얻는 것입니다. 건축에서도 그와 같은 것을 말할 수 있다고 생각합니다. 예를 들어, 알도 로시나 존 헤이덕의 건축을 보고 있을 때 일어나는 자멸적인 메카니즘의 일종인 것입니다. 건축이라는 것은 침식성을 지니고 있습니다. 그것은 건축이 지니는 "안정되었다"는 국면의 하나라고 말할 수 있겠지요. 그것은 기법의 일부, 즉 사물을 인도하는 기법의 일부입니다. 기법을 불필요하게 해 다른 무엇인가를 거두어 들일 수가 있습니다.

건축이 종말을 맞이했다고 말했던 시기가 있습니다. 나는 숨겨진 모순을 갖는 국면을 타개하기 위해서 건축에 관련된 사람이 숙달된 기술을 가져야 하는 이유가 여기 있다고 생각합니다. 만약 숙달되지 않으면 자기 혁신적인 의사표시와 인간적인 국면과의 모순을 넘을 수 없습니다.

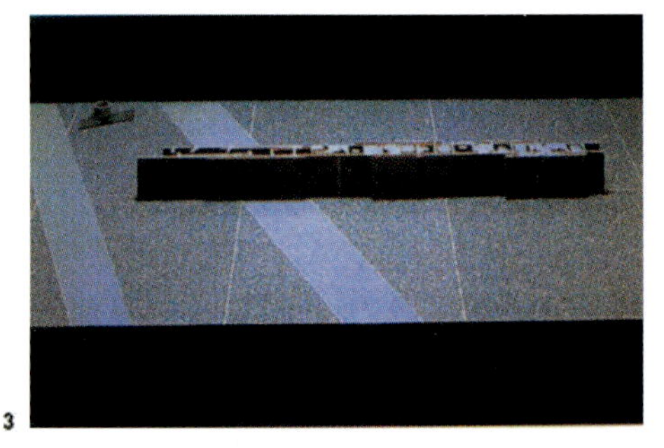

VML: 그렇다면 이 침식적인 의사표시가 이 건물을 유태 미술관으로 사용하는 것이 그렇게 특별한 것은 아니지만 이러한 특수한 베를린이라는 도시의 상황에 있어서는 특별한 일이군요.

DL: 그렇습니다. 나는 그것이 유태민족이라든가 그렇지 않다든가 하는 이유에서가 아니라 베를린의 도시나 베를린의 건축의 문제라고 생각합니다. 이 침식이라는 상황은 형태를 상징적으로 만드는 것에서 끝나서는 안 된다고 생각합니다. 내셔널 갤러리의 그 작은 정방형의 유리는 베를린에서 가장 침식적인 건물과 관계가 있습니다. 비록 그것이 이 거리 위를 춤추는 투명한 공간과 같이 보이게 해도 거기서 발산되는 감화력은 한번 이 부근에 발을 디딘 사람에게는 친근함을 주게 합니다. 그러니까 건축이 가지는 조심스러운 억압된 국면에 대해서는 길게 논해서는 안되리라고 생각합니다. 보다 합리적인 형태를 그 자체가 가지는 에너지를 나타내기 위해, 최종적으로는 한층 더 "침략적"으로 되어가야 하겠지요.

VML: 내셔널 갤러리와 베를린 박물관 증축계획은 표현방법에서 차이가 있을 뿐 같은 맥락이라 생각됩니다.

DL: 내셔널 갤러리는 시대가 다르고 이미 존재하고 있기 때문에 다르다고 생각합니다. 내셔널 갤러리가 만들어진 후 더 많은 것을 알았습니다. 내셔널 갤러리가 베를린에 혹은 이 세상에 존재하지 않는 것처럼 행동할 수는 없습니다. 이런 경험이 건축을 다른 것으로 생각게 하고 있다고 생각됩니다. 새로운 건축에 있어서의 각각의 발견이나 창조가 세계를 바꿉니다. 건축은 사람이 사용하게 되면 모든 것이 바뀝니다. 언어에 대해서도 같은 말을 할 수 있습니다. 새로운 말이나 새로운 경험에 대한 이야기를 들으면 사람들은 그것을 표현하려고 노력합니다. 새로운 말을 가지지 않은 사람들에게 있어 새로운 경험은 이해하기 어려운 것입니다. 건축에서도 마찬가지로 모방으로부터 나타난 것이 아닌 이상, 그러한 건축에 어떻게 대처해야 좋을지 모릅니다.

VMl: 그렇게 말한다면, 당신도 〈베를린 시티〉라는 프로젝트에 근거해 작업을 하고 있는 것입니다. 당신이 여기서, 예를 들어 미스 반 데어 로에와 그 내셔널 갤러리를 세우고 있는 것입니다.

DL: 맞습니다. 그리고 베를린 박물관 증축 계획과 같은 프로젝트에서 쉰켈도, 발터 벤야민, E.T.A. 호프만이나 그 외 〈베를린 시티〉의 심볼을 건설한 사람들의 시대를 초월해 부합하고 있습니다. 선인들의 사상과 깊게

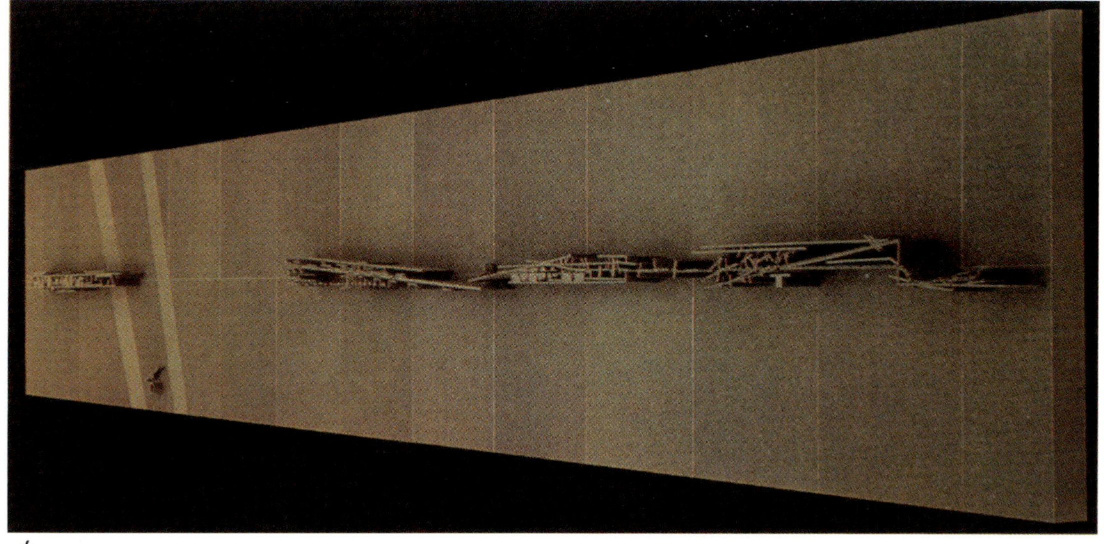

베를린 유태인 뮤지엄

대화하는 것에 의해 프로젝트를 발전시키지 않으면 안됩니다. 건축에 대한 의문은 그들을 향해 물어봐야 합니다. 뛰어난 건축가는 누구든지 그러한 대화를 경험합니다. 선인들과의 대화를 통해 누군가 친구를 생각함으로 그 친구를 다른 사람과 같이 대치시킬 수 있는 것과 같습니다. 꽃을 생각함으로서 꽃의 형태를 바꿀 수 있습니다. 가지고 있는 물을 모두 그 꽃에 쏟았다고 해도 꽃을 생각하지 않으면 꽃은 시들어 버립니다. 꽃을 생각하면 오래가게 할 수 있고 만개하게 할 수 있습니다. 꽃과 일체가 되는 것입니다.

베를린이라는 도시의 경우, 면밀한 계산 하에서 산정된 것이 아닙니다. 계산 불가능한 것은 역설적으로 항상 계산의 산물인 것입니다. 갑자기 생각났습니다만 "제로"라는 존재가 사용된 이래 다른 숫자가 급속히 증가했습니다. "제로"를 사용하면 100만은 물론, 10억, 1조까지도 셀 수 있지만 그것은 항상 무를 의미하는 "제로"의 숫자를 더하는 것입니다. 그것이 미술관에의 덧셈이라고 하는 특수한 문제의 기본적인 방법입니다. 나는 건축이 경험으로부터 나오는 지식과 조화되고 싶어한다고 생각합니다.

VML: 이 프로젝트에 활기를 주는 것은 박물관 건설을 위한 계획, 건설용지, 적절한 시기, 건축 특히 베를린의 건축의 거장들과의 은밀한 대화만이 아닙니다. 텍스트에 대해 충분한 연구를 하지 않으면 안됩니다. 한번 파괴되어 다시 극적인 방법으로 합쳐진 유태의 별이라는 심볼을 어떻게 해야 하는가의 문제도 있습니다. 파괴된 별의 상징적 의미는 건축에 있어 발생장치의 역할을 하는 것일까요? 그렇지 않으면 미술관을 방문하는 사람들에게 무엇인가를 느끼게 하는 것이 된다고 생각하십니까?

DL: 나는 그러한 것은 정치적 메시지를 대중에게 전하기 위한 장치에 지나지 않는다고 생각했던 적이 없습니다. 다시 말해서 그것은 리얼리티의 탐구이며 현실의 경험의 추구이며 다른 사람에게도 현실의 경험으로서 알기 쉬운 것이라는 점도 있습니다. 만약 올바른 것이 있다면 여러분들이 관심이 없다 해도 그것과는 관계없

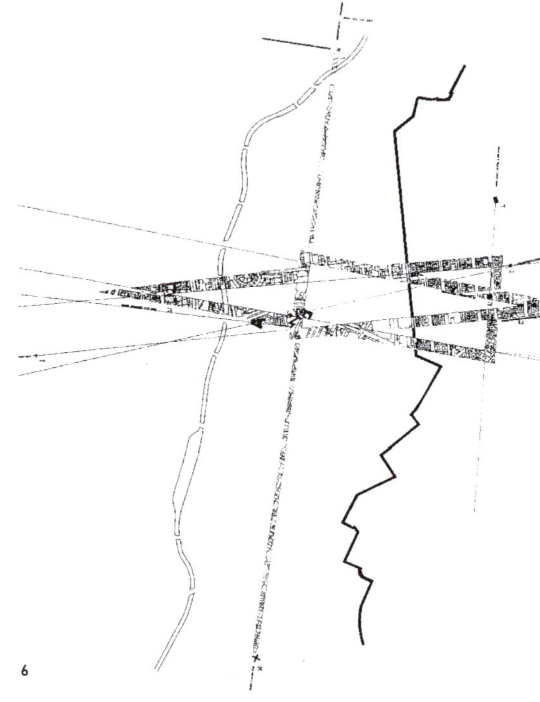

이 올바른 것은 올바른 것입니다. 거기서 나는 몇 개의 모순되는 장치를 사용했지만 그것들이 서로 어떻게 맞추어질까는 미리 조사하지 않았습니다. 모든 것이 깨끗이 하나의 계획에 들어맞는다고 할 수도 없고, 모든 것이 당연하게 이루어지고 있다고도 단언할 수 없습니다.

눈에 보이지 않는 선에 따라 건물의 존재를 느끼게 하는 무엇인가가 있습니다. 예를 들어, 파울 첼란(Paul Celan)의 아름다운 시 〈오라니엔슈트라세 1번지〉는 신비적인 시입니다. 그러나 이것은 건물을 어떻게 보면 좋을 것인가 라는 아이디어를 줍니다. 내가 오라니엔슈트라세 1번지에 가까이 가보면 거기에는 아무것도 없고 60년대의 공공주택만이 있었습니다. 첼란의 시는 향후 2000년 간 이해되지 않을 것이라고 합니다. 그렇지만 나는 부분적으로 이해했습니다. 이 시가 장소와 관계가 있는 것인데 낡은 재판소나 오시에츠키(Ossietzky)의 양철 컵과 관계가 있으며 여기서 선은 중요한 의미를 지니는 것으로서 미술관의 구조 안으로 짜여져 들어가고 있습니다. 이것은 해석의 방법으로 도달할 수 있거나 그럴 수 없는 것도 아니며, 1960년대에 활발히 논의되어온 기호론의 코드 안에서 읽어낼 수 있는 것이라고 생각합니다. 그래서 "상징"이 아니라 "의도"가 서서히 나타나는 과정이라고 할 수 있습니다.

베를린 박물관은 시민참가라는 명목아래 존재하는 것이기 때문에 어느 특정한 사람에게 바치는 진부한 것이 아닙니다. 이 건물이 베를린 박물관이라는 존재가 되기 위해서는 단지 그 이름만으로 끝나는 것이 아닙니다. 박물관이라는 것은 일반사람들에게 들어오기 쉬운 장소가 되어야만 합니다. 그것이 박물관의 사명인 것입니다. 매우 개인적인 역사도, 베를린에 유태인의 커뮤니티가 있었다가 사라진 사실도, 쇤베르크(Schoenberg), 아인슈타인(Einstein), 리베르만(Liebermann), 라테나우(Rathenau), 그 외에 위대한 유태인들에 대해 모르는 채 이 미술관에 들른 사람들이 경험하는 것은 다른 것이 되겠지요. 통일을 완수한 베를린과 신생 독일이라고 하는 국가에게 새로운 세대의 베를린 시민들이 깊은 반성의 마음을 가지고 우리들의 도시를 이해하는 것이 무엇보다도 중요한 일입니다. 그 역사적인 대 참사에 의해 아직 태어나지 않았던 세대의 사람들에게까지 관계가 연장된다는 것을 인식해주었으면 합니다. 건축이라는 것은 사회라는 주제에 대해서도 책임을 가지지 않으면 안됩니다.

VML: 조금 전 당신은 프로젝트가 형식적인 것이 되지 않게 자신이 억제를 하고 있다고 했습니다. 이에 대해 관심을 갖는 것이 두 가지 있습니다. 그 중 하나가 억제 구조라는 것입니다.

DL: 현대에 있어서 억제라는 것은 비범한 선험성을 어떤 방해도 없이 보내기 위해 미리 만들어진 자장과 같은 것입니다. 직선 상에서 매우 작은 입자의 속도를 가속시키기 위한 자석이나 훌륭한 장치를 가진 직선 가속 장치와 같은 것입니다. 과정 중에서 보여지는 억제 중 하나는 프로젝트의 수준입니다. 그것은 건설 도중 깨달은 구조상의 한계와 예산의 제약입니다.

VML: 나는 그렇게 생각하지 않습니다. 일반적으로 건축가는 경제적 제약이나 건축상의 억제 하에서 훌륭한 프로젝트를 생각해 내야 한다고 생각합니다. 그러나 건설과정에서 예산 삭감이나 계획 변경이 있어 최초의 안과 달라지는 경우가 있습니다. 건축에 있어서 그 프로젝트가 여러 가지 계획 축소에도 살아남을 수 있도록 초기단계에서부터 충분히 여유를 가지고 계획되고 있는지가 중요한 문제입니다. 이 미술관의 프로젝트에서는 그러한 경험이 있었습니까?

DL: 아니오. 없었습니다. 그러나 당신의 생각은 맞습니다. 나는 계획 변경은 갑자기 일어나는 것이라고 생각합니다.

베를린 유태인 뮤지엄

VML: 그러면 제한을 가하는 것보다 계획을 확대하는 것이 중요하다고 생각하십니까?

DL: 어느 정도는 그렇게 생각하고 있습니다. 모든 선, 모든 설계의 순서에 경제성이 관계하고 있습니다. 비현실적으로 보이는 건물에서조차 최초부터 경제적, 지역적, 공공적 구조를 가지고 있습니다. 이것은 나에게 있어 어떤 새로운 것은 아닙니다.

VML: 당신은 일의 방법도 바꾸셨지요. 중요한 대규모의 프로젝트는 혼자서 합니까? 물론 당신은 항상 다른 사람들과 함께 일을 하고 있습니다만, 주로 선생과 학생 관계의 사람들이군요. 그것은 당신의 **건축** 활동을 전개하는데 어떤 효과가 있습니까? 프로젝트 관리는 잘 되고 있습니까? 함께 일하고 있는 사람들의 공헌도는 어떤가요? 당신의 아이디어를 실제로 잘 반영하고 있습니까? 도면이나 모형의 제작은 어떤 식으로 이루어지고 있습니까?

DL: 매우 어려운 질문입니다만 좋은 질문입니다. 건축물을 짓기 위해 만들어진 건축 사무실은 정신적인 분위기가 필요합니다. 거기에는 뭔가 "영적인 것"이 느껴지기도 합니다. 프로젝트를 성공시키려면 다른 사람의 것과는 확실히 다른 것이 있어야 합니다. 나 자신의 일은 사무실 직원들이 퇴근한 다음 시작됩니다. 실제로 하는 일은 별로 없습니다. 그 날에 생긴 크고 작은 문제들을 모두 해결하는 것입니다. 그리고 나면 새롭게 일이 시작되는 것이라 느껴 다음날의 일에 강한 충동에 사로잡힙니다.

VML: 건축 사무소에는 기본적으로 두 가지의 패턴이 있습니다. 하나는 최초의 계획의 전략을 세우는 것으로부터 실시 설계도 작성에 이르기까지 모두 내부에서 처리하는 타입과 다른 하나는, 예를 들어 알도 로시의 오피스처럼 컨셉에 근거한 계획을 확실히 세우고 실시설계는 다른 회사에 넘기는 것입니다. 후자의 경우, 건축 디테일에 대해서는 무시합니다. 카를로 스카르파의 경우, 이런 방법을 이용해서 디테일이 엉망이 되어 버렸습니다. 이런 예에 대해 어떻게 생각합니까? 디테일에 대해 관심이 있습니까? 매우 궁금합니다. 종이로 만든 당신의 모형은 건축의 다양한 재료를 표현한 것이기 때문입니다.

DL: 나의 경우는 스카르파도 아니고 로시의 경우도 아니라고 생각됩니다. 당신이 말씀하신 모형이라든지 도면과 같은 것이 모두 건축물을 동등한 것으로 보고 있다는 것이 매우 재미있다고 생각합니다. 즉, 프로세스에 부수적인 것이 아니라 또는 그것을 반영하는 이미지가 아니라 동등한 것으로 보는 것입니다. 모형이 어떻게

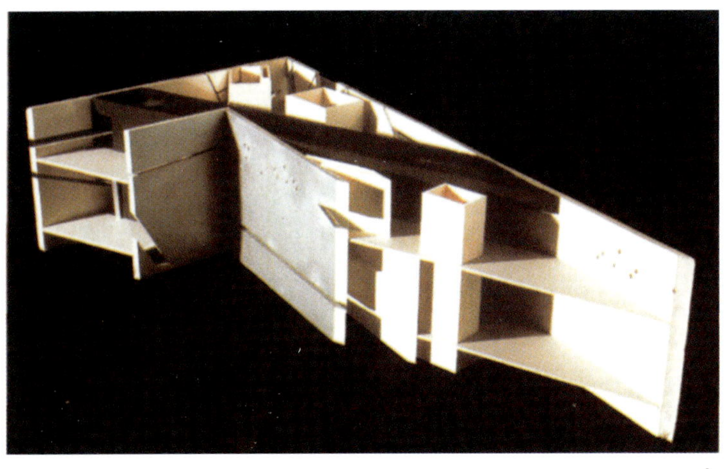

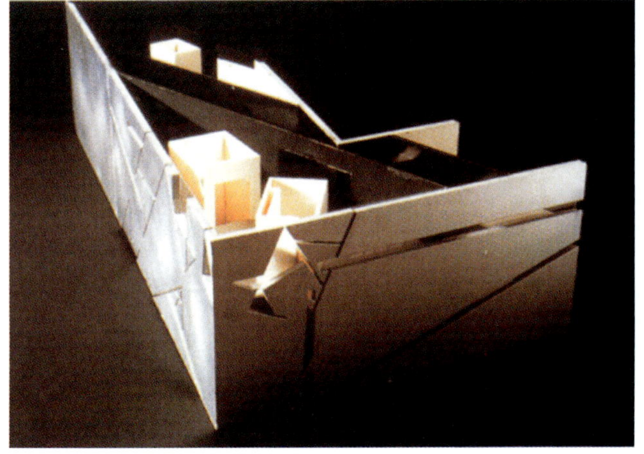

9

9 베를린 유태인 뮤지엄 / 코너 디테일 스터디 모델
10 베를린 유태인 뮤지엄 / 코너 디테일 스터디 모델
11 베를린 유태인 뮤지엄 / 화사드 스터디 모델
12 베를린 유태인 뮤지엄 / 스터디 모델
13 베를린 유태인 뮤지엄 / 보이드 스터디 모델

만들어졌는가 하는 것은 다른 문제입니다. 그러나 내가 확신을 가지고 말할 수 있는 것은 동등한 것이기 때문에 그것과 서로 관련되어야 한다는 것은 아닙니다. 1×1=1이라는 위계성을 타파하는 것이 중요합니다. 나는 건물에서 건축을 말하려고 하는 것은 아닙니다. 그것은 많은 문제를 일으킵니다. 그러한 프로세스는 서로 어떻게 관련된 것일까? 어디서 매듭지으면 좋은가? 이 프로세스의 입구는 어디 있는지? 공간은 어디에서 요구하면 좋은지? 건축물을 파괴할 가능성이 있는 결함이 어디에 있는지? 등 치명적인 결함은 몇 가지 있습니다. 밖에서 보면 설득력있게 보이지만 프로세스의 내면을 보면 결함 투성이입니다. 나는 이러한 결함을 찾아내지만 사소한 일이 커져서 전혀 닳지 않은 건물을 만들어 낼 수도 있습니다. 그것은 프로세스의 부정적인 면입니다. 나는 지금까지 1:50의 축적으로 또는 1:1의 축적으로 일해 왔습니다.

VML: 그러면 이 프로젝트의 최초의 모형이 완성되었을 때 당신은 벌써 이 건물의 재료에 대한 아이디어를 갖고 있던 것입니까?

DL: 그렇습니다. 모형을 만들 수 있는 정도까지는 아이디어를 정리하고 있었습니다. 그러나 그 자체도 막연해서, 돌이라든지 다른 재료가 좋다든지 하는 분명히 말할 수 있는 단계는 아닙니다. 그러한 미해결의 부분을 남긴 채로 모형을 만듭니다. 그렇지만 역시 모든 일은 사전에 결정해두어야만 합니다. 예정된 건축 부지는 아니고, 야외의 다른 장소에 세워보거나 합니다. 그러나 부지는 무시할 수 있는 것이 아니며, 불분명하게 내버려 둘 수 있는 공간도 아닙니다. 대지는 분명히 표현해야 하는 장소입니다. 아무것도 존재하지 않지만, 동시에 구축된 공간입니다. 내가 항상 해결하려고 시도하는 것은 이것입니다. 지금도 나는 이런 태도로 일을 계속하고 있습니다. 규모의 변경이나 사회적인 의의가 증대했다는 이유로 계획이 변경되는 것은 기본적으로는 없습니다. 거기에 대처하려면 결단과 구상력과 노련함이 요구됩니다. 어디까지 관련되면 좋을 것인가 하는 한계도 있습니다.

어떤 성자는 보다 높은 정신적 수준에 매일매일 다가선다고 말합니다. 이러한 정도에 이를 수 없다면, 실로 가치있는 행동을 하고 있다고 말할 수 없습니다. 그러니까 누구든지 "오늘 나는 보다 높은 정신적 수준에 노닐했는가?"하고 빔미디 지문헤야 합니다. 만약 답이 "아니오"라면 정말 곤란한 일입니다. 그렇지만 매일매일 평면의 확인이라든지 소방법이라든지 건설비의 감액이라든지 하는 사항에 대해 서로 이야기해 보다 더 높은 정신적 수준에 도달한다면 좋을 것입니다. 건설하는 대상물에만 관심을 갖고 열심히 하는 것이 아니라, 여러 가지 문제들을 잘 처리하면서 자기 자신을 높여 가는 것이 필요합니다. 그러니까 건축을 향상시키는 것은 일방통행이 아닙니다. 건축을 뛰어나게 만드는 것은 자기 자신을 정신적으로 향상시켜 가는 것이라고 생각합니다.

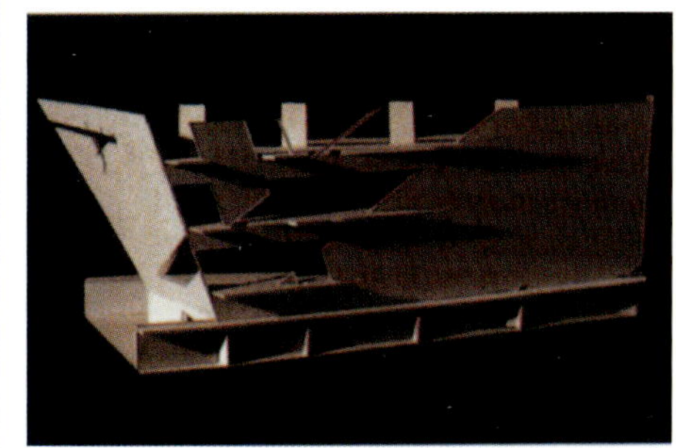

11   12   13

Jewish Museum

Undenstrasse 9-14, Berlin-Kreuzberg, 1997, Daniel Libeskind

작품설명

| 디자인 컨셉 |

Danial Libeskind는 이 건물의 주제를 "선과 선 사이" 이라고 정의하였다. 여기에는 대립적·이율배반적인 선들이 공존한다. 하나는 직선적인 선이면서 파괴된 무수한 단편을 가지고 있고, 다른 하나는 꺾인 선이지만 무한하게 계속되는 선이다. 그는 또한 베를린에는 "외관매트릭스" 혹은 「관계(링크)의 기억」이 있다는 것을 발견하였다. 그러한 요소로서 인용했던 것으로는 사라진 유태인 예술가들의 흔적, Arnold Schonberg 작곡의 미완성 오페라 「모제&아론」, 베롤린에서 추방된 유태인들의 행방, 그리고 Walter Benjamin의 저서 「One way street」이다. 새로운 「유태인 박물관」은, 낡은 바로크 양식의 「베를린 박물관」가운데를 지나 지하로 접근하게 된다. 거기로부터는 3개의 길이 갈라지고, 각각 특색있는 전시를 구성하고 있다.

건물의 평면형은 그의 「line of fire」의 발전 형태이다. 긴 막대의

| 프로그램 |

이 박물관은 기존의 베를린 박물관을 증축하여 새로운 프로그램으로 구성되었다. 박물관의 로비와 홀은 기존의 베를린 박물관을 활용하고 있고, 모든 공공 서비스는 이곳에서 이루어진다. 그리고 새로운 건물은 전시시설과 사무실 등으로 활용되고 있다. 「유태인 박물관」의 전시 목적은 베를린의 역사와 그 유태 시민의 역사를 통합시키는데 있다. 그러므로 이 박물관은 단순히 자료를 전시하는 목적뿐만 아니라 공간을 통해 이미지를 전달하고자 한다.

공간을 압축해서 굴절시킨 것 같은 형상으로, 그것을 보이드 공간이 수용하고 있다. 그리고 브릿지에 의해서만 횡단 가능한 보이드 공간은 이 박물관의 특징이다. 「유태인 박물관」은 Danial Libeskind 첫 건축작품으로서 그는 종래의 박물관 형식을 넘어서는 새로운 박물관을 디자인하였다.

전시시설은 크게 3가지 축, 홀로코스트 타워, 감옥 정원, 그리고 영원의 축으로 구성되는데, 홀로코스트 타워와 감옥 정원은 건축가 Danial Libeskind가 의도한 공간 작품이고, 영원의 축은 주 전시실로 이끄는 축이다. 영원의 축을 따라 계단을 오르면 지그재그 형태의 매스를 따른 연속적인 전시실을 따라 관람이 이루어지도록 되어있고, 관람을 마치면 다시 영원의 축으로 나오도록 전시실이 구성되어 있다.

| 동선순환체계 |

이 박물관은 기존의 베를린 박물관 자리에 증축되면서, 로비와 홀을 비롯한 모든 서비스 시설은 기존 박물관을 활용하고 신축된 박물관은 이 곳 로비에서 지하로 내려가는 계단을 통해 진입한다. 지하로 들어서면서 공간은 어두워지고 엄숙한 분위기로 이어진다. 지하에 이르면 전면에 영원의 축이 일자로 펼쳐지고 그 끝에는 전시실로 이르는 계단이 있다. 이곳에 이르기 전까지 우측으로는 전시시설 일부가 배치되어 있고, 다시 두 개의 축과 만나게 된다. 하나는 홀로코스트 축으로 외부에서 분리된 매스로 인식되는 것으로 그 지하로 진입하게 되는데, 내부는 비어 있고 안에 천창에서 빛줄기 하나가 내려와 엄숙한 공간을 연출한

| 구조 시스템 |

이 건물은 콘크리트를 이용한 벽식 구조로 지어졌는데, 매스의 형태에 따라 벽이 그대로 구조체를 이루고 있다. 외부 마감은 아연 패널로 이루어져 있고, 내부는 노출 콘크리트 마감으로 되어 있다.

| 주요 디테일 |

- **홀로코스트 타워:** 외부에서 보면 솔리드한 매스가 분리되어 서 있는데, 안에는 비어있고 천장에 틈이 있어 어두운 공간에서 빛이 흘러 들어오고, 상당히 엄숙한 분위기를 연출한다.
- **감옥 정원:** 49개의 사각 기둥의 바둑판 배열로 배치되어 있고, 그 안에는 나무가 자라고 있다. 나무를 감옥에 갇힌 것으로 은유하고 있고 바닥을 경사지게 구성해서 이곳을 배회하는 관람객에게 활동의 어려움을 경험하도록 하였다.

다. 다른 하나는 감옥 정원 축으로 외부 공간으로 이어지는데, 건축가의 공간감상을 위해 의도한 공간이다. 다시 영원의 축으로 들어서면 전면에 상당히 높은 계단을 접하게 되고 이 계단을 끝에 전시시설이 위치하고 있다.

전시시설의 관람 동선은 건물 윗층에서 시작해서 관람하면서 하층으로 내려오는 형식을 취하고 있다. 전시실은 특별히 방들로 분할되어 있지 않고, 오픈된 공간을 따라 이동하면서 관람하도록 되어 있다. 복잡한 형태를 가지고 있기 때문에 전시 동선도 공간의 흐름을 따르기보다는 안내 표시에 따르도록 구성되어 있고, 그 순서를 따라 이동하면 자연스럽게 다시 영원의 축 공간을 통해서 관람을 마치게 된다.

- **영원의 축:** 전시실로 안내하는 공간으로 생존의 의미를 가지고 있고, 전시실로 오르는 계단이 강조되어 있다.
- **기억의 비움공간:** 전시시설 중간에 전층이 뚫려 있고 사방이 벽으로 막혀진 비움공간이 있는데, 이것은 홀로코스트로 인해 유럽이 남아있는 빈 자리를 의미하고 있다.

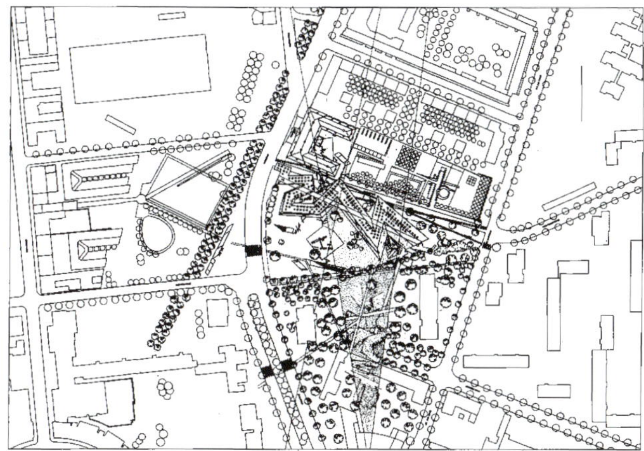

전체 배치도

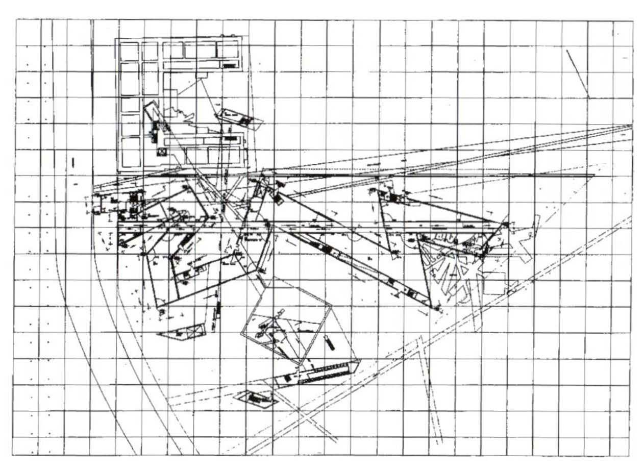

1층 평면도

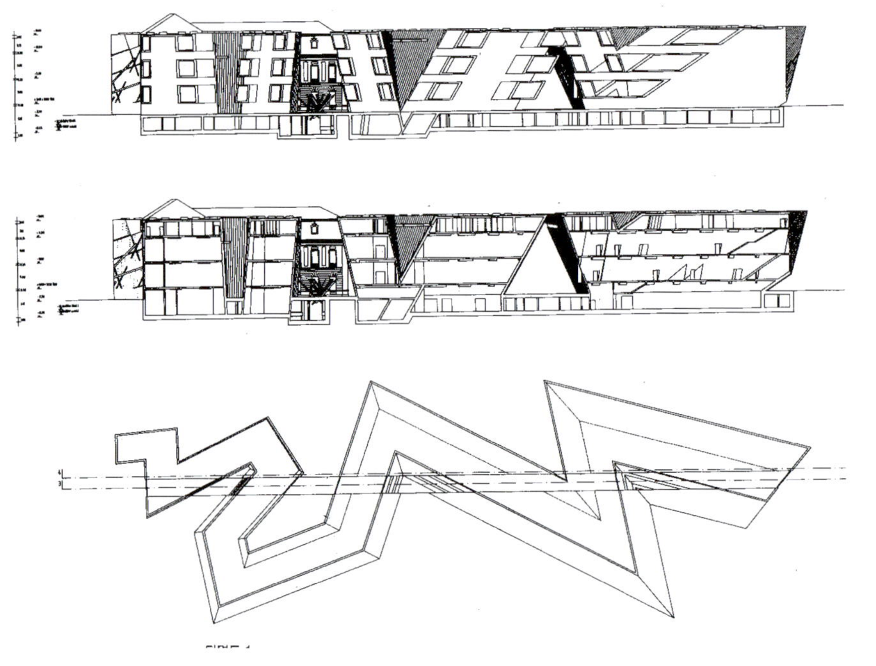
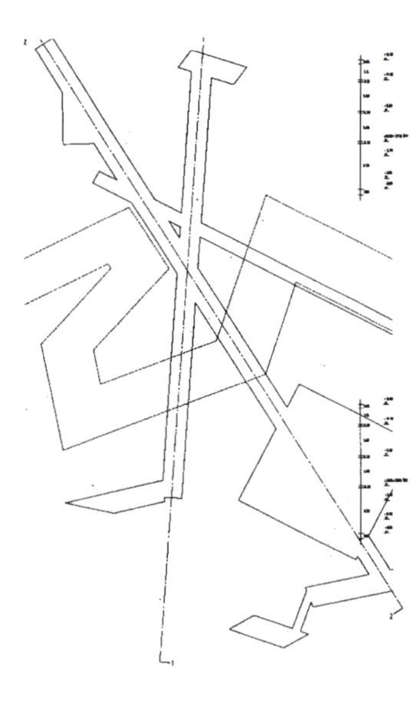

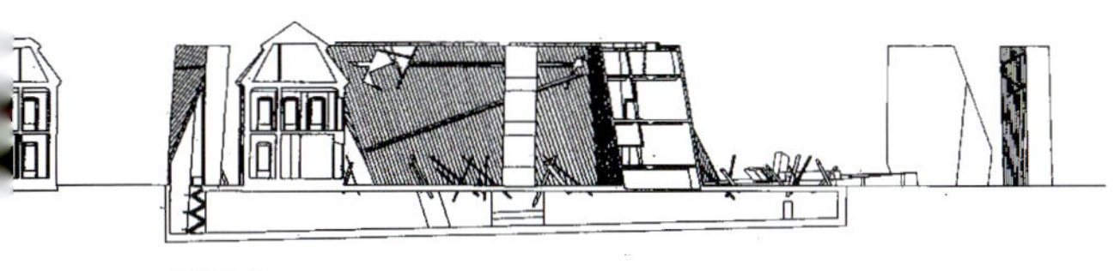

단면도 2

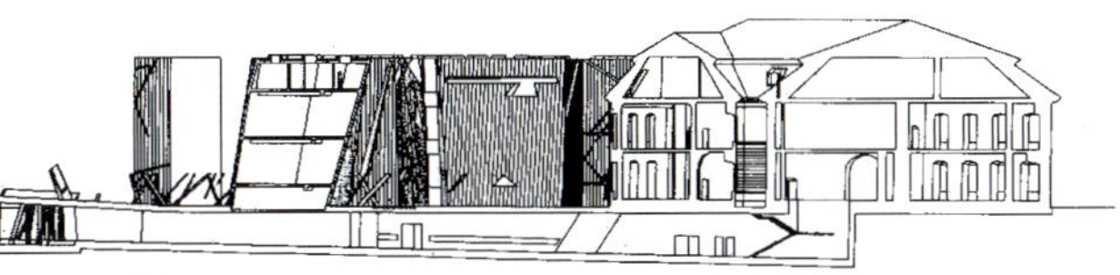

단면도 3

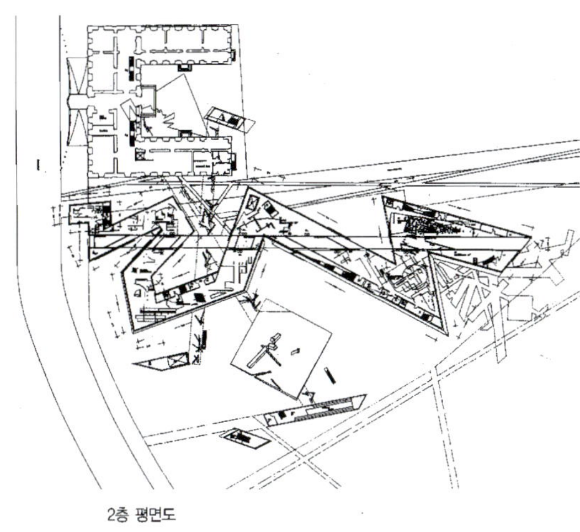

2층 평면도

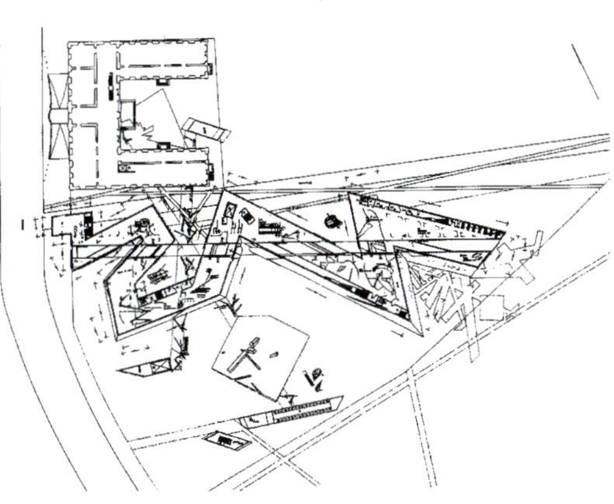

3층 평면도

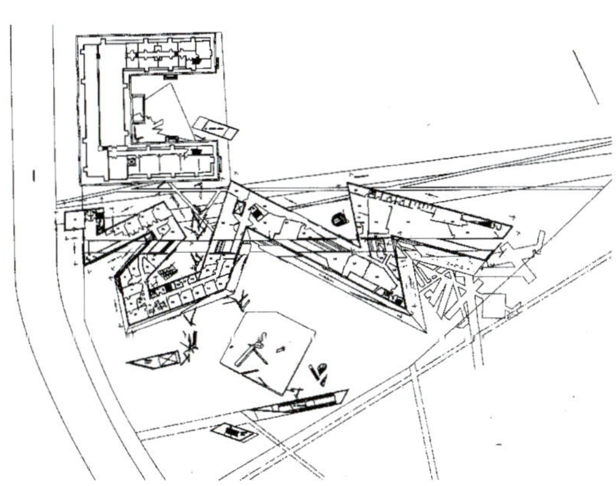

4층 평면도

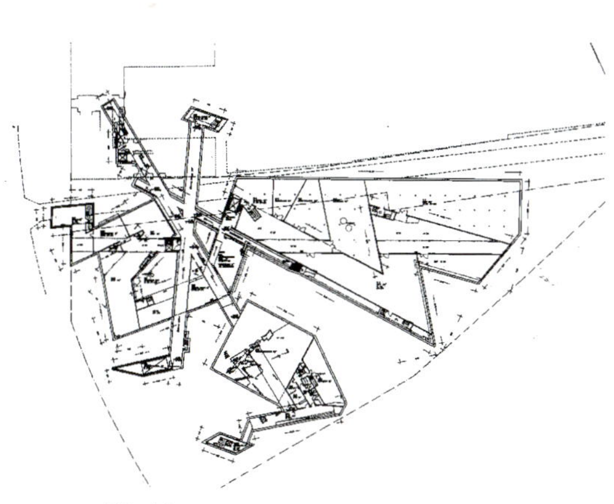

지하층 평면도

고대사 박물관
Archaeological Museum

앙리 시리아니의 이 작품은 그의 "집합주택의 시대" 이후의 미술관이라는 점에서 매우 중요하며 비사회적인 유형의 건축물이라는 점에서도 특성을 지닌다. 그는 이 작품을 통해, 건설방법보다는 재료의 조합에 더 관심을 두고 있으며, 보강콘크리트를 통해, 곡선의 가능성(유연함), 추상성, 완벽한 조형성을 실현하고 있다. 시리아니의 디자인은, 고대 도시의 대지와 신도시의 대지를 연결한다는 의미에서, 인근의 역사적 원형 경기장에서 볼 수 있는 사각형과 원의 요소에서 형태를 착안하여 역사적인 의미를 지니는 삼각형의 모양으로 건축물을 디자인하고 있다. 광활한 대지에 나타난 순수한 삼각형의 모양은 근처 고속도로를 왕래하는 자동차에서 쉽게 시각적으로 인식이 가능하며, 형태는 박물관과 고대 원형극장 사이에서 긴장을 유발시키고, 이 대지에의 완전한 공간적 점유를 시각화하고 있다.

박물관은 세 개의 벽들이 지니는 불투명한 정도에 따라 다르게 처리되고 있다. 삼각형 평면의 세 면은 모두 푸른색 시트지(紙)를 붙인 유리로 처리되어 있는데, 배치도에서 볼 수 있는 바와 같이, 타원으로 처리된 고대 유적으로의 진입시 나타나는 면에는 내부, 외부의 동선로가 설치되며, 건물의 관리 및 서비스 기능이 집약적으로 설치되어 있다. 반면, 수문을 향해 있으면서 남향한 측면에서는 박물관의 교육시설이 설치되어 있고 일부 전시공간도 마련되어 있다. 로마의 원형극장과 고대 도시를 마주하고 있는 배면은 투명성과 투영요소에 의해 활기를 띠며 전시공간의 배면으로서 작용한다. 이곳으로부터는 외부에서 내부의 전시공간을 볼 수 있으며 가장 투명하다. 입구 홀은 삼각형의 모서리 부분에 형성되는데, 앞쪽의 강을 바라보고 있으며, 입구 부분의 전시공간을 형성한다. 전시 공간을 삼각형으로 처리한 것은 쓸모없는 동선을 줄이고 짧은 시간 안에 전시장으로 들어가도록 하기 위한 의도이다. 이 부분은 전시 공간의 집중도를 강화시키는 한편, 미래의 확장 가능성을 고려하는 연결고리를 만들어 낸다.

Henri Ciriani의 건축사고방식

리차드 마이어 Richard Meier

2

앙리 시리아니의 건축적 특성

1992년 페론의 〈제1차세계대전 기념관〉 개관과 1995년 봄 아를르 〈고고학 박물관〉의 완성으로 인해, 앙리
시리아니는 그에게 있어서는 불명예스러운 주거건축과 사회건축가라는 낙인으로부터 벗어날 수 있었다. 일련
의 박물관 건축을 통해 시리아니는 공간과 형태, 빛을 다루는 자신의 탁월한 재능을 완벽히 표현 할·수 있는
기회를 얻을 수 있었다.

시리아니는 1936년 페루의 공군 장교 아들로 출생하여 상당히 어린 나이에 많은 수의 주택을 짓기도 했다.
시리아니는 대학을 졸업한 후, 대규모 주거단지 공사를 감독했으며, 그 후 프랑스로 이주하여 프랑스 국적을
취득하였다. 페루에서의 그의 초기작업은 대응적 디자인작업을 통해 하고자 했던 건축에 대한 확고한 신념과
전망을 형성해 주었으며 주로 건축의 정치적, 사회적인 함의를 강조하는 것이 특징을 이룬다.

앙리 시리아니는 파리로 진출한 후, 앙드레 고미(Andre Gomis)의 사무실에서 근무했으며, 국제설계경기에
참가하면서 자신의 독특한 디자인을 발전시켜 나간 결과, 1957년에는 건축계에서 인정받기에 이른다. 시리아
니는 분명하고 효과적인 프리젠테이션 기법으로 인해 젊은 나이에 두 번이나 잡지 〈L'Architecture
d'Aujourd'hui〉의 표지에 실리는 명예를 얻기도 했다. 시리아니는 실무에 임하면서 공간적 질과 구성에 초점
을 둔 정확한 투시도를 그리는데 많은 시간을 보냈으며, 설계경기에서 탈락한 후에도 이를 다시 수정하는 열
정적인 건축가로서의 자세를 보여주었다.

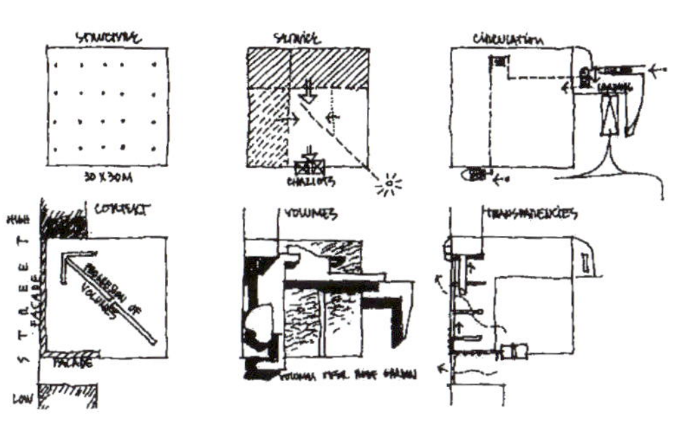

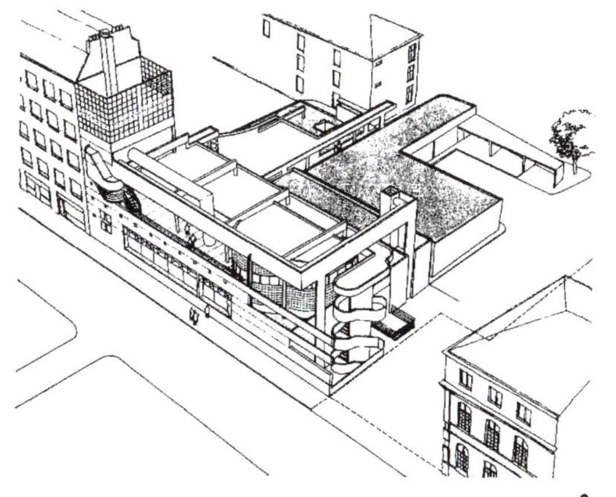

3

시리아니는 1968년 여러 분야의 공동작업 및 사회적 건축의 본거지였던 바놀레(Bagnolet)의 〈도시 및 건축 아틀리에(Atelier d'Urbanisme et d'Architecture)〉에 합류했다. 그는 이곳에서 조경건축가인 미셀 꼬라주(Michel Corajoud)와 공동으로 작업하기도 했다. 이러한 공동작업은 시리아니가 독립 사무소를 개설했던 1975년까지 이루어졌다. 시리아니는 신도시 그레노블-에쉬롤((Grenoble-Echirolles)의 소책자 일러스트레이터로 처음 참여했는데, 당시 그래픽 디자인은 획기적이었다. 후에, 그는 꼬라주(Corajoud)와 함께 신도시 최초의 근린공간인 라를르깽(l'Arlequin)을 설계했는데, 높이 6m, 길이 1.5km의 지상 통로였다. 당시 광고 그래픽의 영향으로 거대한 사인과 강한 색채의 대조가 특징인 이 계획은 많은 주목을 끌었다.

1971년-1972년, 시리아니가 포함된 일련의 건축가들은 카탈로니아 건축가 리카르도 보필이 이끄는 톨러 그룹과 함께 중요한 현상설계(이브리 1공모전)에 참여했는데, 결과는 앙드레-파라(Andrault-Parat)의 피라미드 계획이 당선되고 말았다. 비록 떨어지기는 했지만, 현상설계를 통해 시리아니의 영향력은 강화된 반면, 그룹 멤버들간의 경쟁과 긴장으로 인해 이 그룹은 분열되었다. 그들의 〈신도시 7000호 안〉은 상당히 기념비적이었으며, 선형의 거대구조체(megastructure)는 길이 500m, 높이 20층에 이르는 계단식 테라스로 분절된 타워들과 브리지로 인해, 같은 시기 이탈리아에서 계획된 실험정신에 가득찬 비토리오 그레고티나 마리오 피오렌티노의 로마 교외 아파트 단지와 같은 이미지를 보여주고 있다.

시리아니는 도시의 재구축을 위한 틀을 고려하면서, 오랜 기간 이런 지적 행위에 심취했다. 〈세플라네떼(Septplanetes)의 7000호 주거계획안〉(1973~75), 리즐-다보(l'Isle-d'Abeau)의 신도시 〈생-보네-르-락(Saint-Bonnet-le-Lac)의 3,500호 주거계획안〉(1975)과 같은 현상설계 작업을 통해 시리아니는 도시환경의 기본 구축요소들의 역전을 제안했다.

시리아니는 점차 이 원리를 프랑스에서 자신이 얻은 최초의 중요한 작업인 〈마른-라-발레 느와지 2의 300호 주거계획〉에서 공간을 유지할 수 있는 "도시의 파편들"이라는 개념으로 발전시켜 나갔다. 〈느와지 2〉는 당시 많은 디자인이 그런 것처럼 전통적인 유형들로 다시 회복시키려한 새로운 도시 건축의 선언으로 해석되고 있으나 일종의 근대운동이 연속선상에 미물고 말있으며 가로보나는 개방공간에 특권을 부여하고 있었다.

무분별한 도시확장과 사회 불안(사회학자 앙리 르페브르가 다룬 주제)에 의해 시달리고 있을 무렵, 시리아니

4

고대사 박물관

는 사회적인 계획의 교훈들에서 배움을 얻고자 집합주택의 근본적인 중요성을 발전시켰다. 시리아니는 자신의 "도시의 파편"이 새로운 근린환경에 안정성과 활기를 불어넣을 수 있음을 증명하고자 했으며, 스스로 공공 공간을 포함하고 있는 벽이라고 언급한 입체적인 입면을 발전시켰다. 이 입면들은 로지아로 지지되었고 사회적 주거를 위엄있게 유지하면서 편안한 면 구성의 이미지를 전달하는 안정된 리듬과 차분한 매스 처리로 특징지을 수 있다.

계단식 테라스의 육중한 피라미드가 보다 고전적인 맥락에서 지어진 〈생 드니-라-쿠르당글 집합주거〉(1978-82), 시 당국이 변경함으로서 무산된 샹베리의 〈리퍼블리끄 프로젝트〉(1981-83), 훌륭한 입면처리로 유명한 이브리의 〈케닐 개발〉(1981-86), 풍부하고 장엄한 곡선의 〈로뉴-마르레-라-발레 집합주거〉 등에서도 같은 방법이 사용되었다. 시리아나는 도시설계에서 형태적인 접근과 집합적 이상을 계속 고수해왔다. 그는 수직 볼륨과 수평 볼륨의 견고하고 강력한 분절을 지향하며 작업해 왔다. 그의 건물의 실루엣, 심지어 슬래브는 네덜란드의 로테르담, 그로닝겐, 그리고 헤이그의 프로젝트에서 볼 수 있는 바와 같은 솔리드와 보이드의 복잡한 게임을 통해 풍요로워진다.

시리니아는 주거 내부에 대해서는 다소 비관적인 결론에 이른다. 그는, 주거 내부에는 변하지 않는 특징들이 존재한다고 주장하면서 결코 실내의 생활양식을 과격하게 수정하려고 하지 않았다. 그 대신, 그는 공간을 형성하는 빛의 효과를 다루는데 노력을 경주했다. 내부 공간이 빛

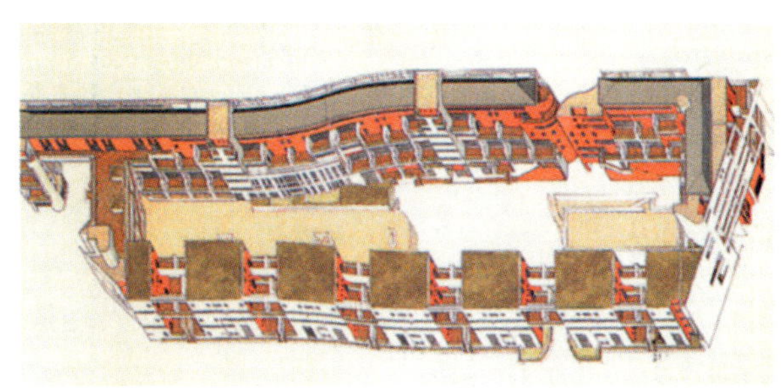

5

6

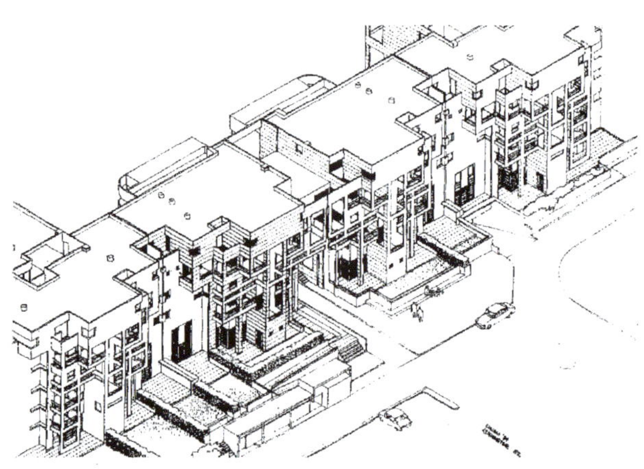

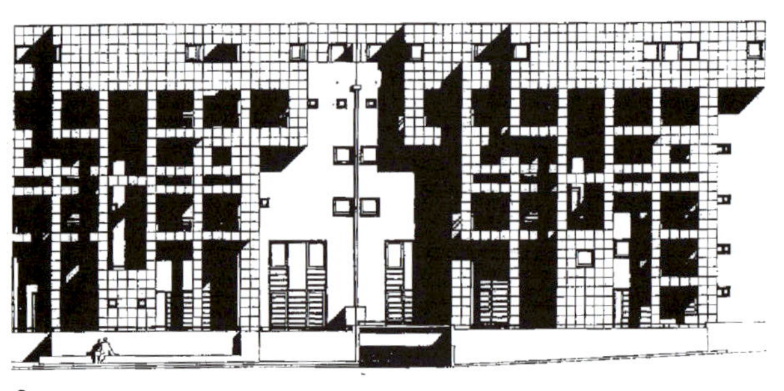

8

7

5 샹베리 리퍼블리끄 프로젝트 / 도시의 파편
6 생 드니 집합주거
7 마른 집합주거
8 이브리 집합주거 / 액소노메트릭 & 입면
9 샤론꼬 주상복합 / 입면 & 스케치
10 로뉴 집합주거
11 이브리 집합주거

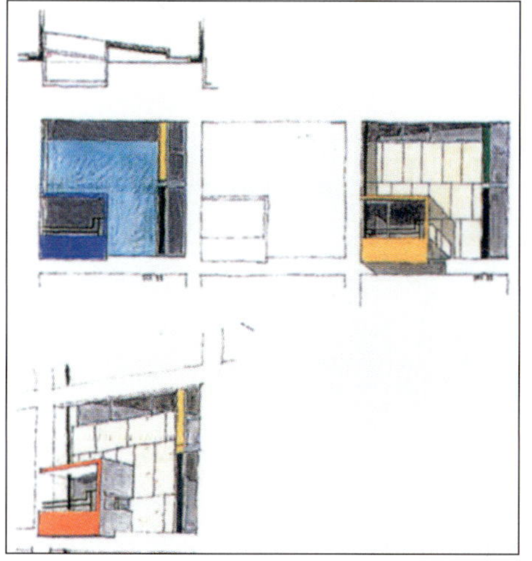

9

10

11

으로 넘치도록 하기보다는 공간이 확장되게 보이도록 볼륨을 팽창시키려 했다. 그는 종종 빛과 그림자를 절묘하게 구성했으며 때로는 실내의 기념비성을 정교하게 형성하기도 했다. 파리의 〈세발레레 가로의 집합주거〉(1987-91)의 중층 유니트 평면이 대표적인 예인데 이것들은 소형 적층 빌라들처럼 보인다. 아니면, 경관에 개방된 〈베르시의 공원〉(1991-94)을 바라보도록 디자인되었다. 〈스탈린그라드-마르소 개발〉(1992-95)에서 그는 교외도시 중심부를 고밀화하고 프랑스 사회 집합주거를 위한 매우 엄격한 규칙을 적용받으면서도 유형학적으로 세련된 일련의 유니트 평면을 다양화했다.

시리니아는 자신의 작품들이 교육적인 교훈을 담고 있는 모델로 보이기를 원했으며, 실내 건축, 공간에서의 동선, 색채 등과 같은 여러 가지 다른 요소들을 탐구해왔다. 이 실험은 특히 두 미술관에서 명백하게 나타나며, 〈생-드니 주간 탁아소〉(1978-83), 〈로뉴 공동체 센터〉(1986-87), 토르시의 〈유아보육시설〉(1986-89)과 같은 신중한 공공작품들에서도 명백히 나타난다.

시리아나는 건설방법보다는 재료의 조합에 더 관심을 두고있으며, 보강콘크리트를 선호하고 있는데, 이는 곡선의 가능성(유연함), 추상성, 완벽한 조형성을 실현할 수 있기 때문이다. 시리아나는 콘크리트의 가능성을 탐구하면서, 시각적 감흥, 질감, 색채, 형태를 추구하고 있는 것이다. 그는 건축작업에 있어 일종의 현상학적 인식을 발전시켜왔는데, 이는 사회적 현실 또는 인간 개인의 내적 진실을 추구하는 건축을 위해서 이다. 이러한 연구를 통해, 시리아나는 형이상학적이고 정신적인 차원 그리고 특히, 공간과 자연의 빛을 받아들이는 경향을 강하게 보이고 있다. 예를 들어, 페론의 〈제1차 세계대전 기념관〉(1987-92)의 설계에서, 빛은 절대적인 수준에 이른다. 맑고 유동적이며 유연한 흐름을 구성하는 이 작품은 페론의 폐허화된 요새 부근 연못 제방 위에 건축되었으며, 르 꼬르뷔제가 최초로 표현한 건축적 산책로의 주제를 훌륭하게 구사하고 있다.

프랑스 남부, 과거 고대 로마 식민지로 있던 아를르 지방의 광대한 유물을 보존하기 위해 론 강 연안에 설계된 〈아를르 고고학박물관〉(1983-95)에서, 시리아나는 로마 건축에서 쉽게 발견되는 강한 기하학적 정삼각형의 평면을 계획했다. 여기서 그가 시도한 것은 단순한 기하학적 매스의 세부 분할이라 할 수 있는데, 이는 외관에서는 단순하게 보이지만 다루기가 상당히 어렵고 시리아니의 건축에서 거의 탐구되지 않은 형태를 특징으로 하고 있다. 콘크리트 구조체 위에 밝은 청색 시트를 붙인 유리의 거대한 면이 인상적인 이 건물에서, 시리아니는 중앙 공간 주변에 나선형 전시방법으로 유물을 배치하였으며, 평면 디자인에서 이러한 기능을 수행

고대사 박물관

하기 위해 능숙한 분절과 매스 자르기를 실천에 옮겼다. 이 미술관은 역동적인 인상을 보여주면서, 대지에 자리잡고 있는데, 삼각형의 요소들이 이러한 분위기에 한 몫 하는 것처럼 보인다. 벽면에 설치된 큰 창들은, 지중해의 강렬한 태양 아래, 산뜻한 경치를 지닌, 강기슭을 향한 장대한 프레임으로 작용한다.

이와 같은 매스의 추상적인 모험은, 어떤 이론적인 경우에 있어서도 시리아니의 건축 프로세스에 있어 그가 지닌 형식적 야망을 드러내주고 있다. 사실, 시리아니는 무엇보다도 교육자가 되고 싶어했으며 근대 공간의 풍부한 잠재성을 탐구하기를 원했다. 그는 일종의 고통을 감수하면서도 근대공간의 구성법칙을 해체하고 있다. 그리고 나서 미학적이고 물리적인 효과를 분석한다. 시리아니는 질서와 충실성을 추구하는 건축가이며, 신기함보다는 모더니즘에 헌신적이고, 일관성과 작품의 성숙을 위해 몰두한다. 그를 비난하는 사람들은 시리아니의 아카데믹한 원칙들을 비평하기에 급급하다. 편협한 시각의 바평가들은 시리아니의 작품에서 근대 운동의 낡은 교의들을 보려고만 하며, 그가 현시대의 감각이 부족하다고 비난한다.

그러나 앙리 시리아니는 학생들 사이에서는 상당한 갈채를 받고 있다. 시리아니는 1969년 파리 7대학 건축학교를 설립하는데 임명되었으며, 그곳에서 1977까지 교수로 있은 후, 파리 8대학의 건축과로 학생들과 함께 옮겼다. 이 온화한 성정의 교수는 독특한 카리스마를 보여준다. 공간적 인상을 해석하는 그의 예리한 어휘와 경구, 그가 보여주는 열정, 특히 1978년부터 그룹 우노(Groupe Uno)의 동료들과 함께 만든 구조적인 프

12 베르시 주상복합
13 콜롱베 주상복합
14 그로닝겐 타워
15 니메그 타워

로그램은 관심 있는 상당수의 학생들을 크게 사로잡았다. 그의 제자들 중에는 특별한 능력, 종종 시리아니와 동등한 수준의 능력을 과시하면서 현상설계경기에서 두각을 보이고 있는 건축가도 많다.

시리아니의 이러한 건축적 경향과 영향력은 프랑스 철학자 장 보드리야르와 같은 사람들이 주장하는, 투명성, 덧없음, 의미를 위한 절망적인 추구를 표현하는, 창조적이지만 긍정적이지는 않은 경향에 대하여, 최근 프랑스 건축계에 등장한 유일한 견고하고 확립된 입장이다. 이들 두 가지 경향은, 건축가의 예술적이고 사회적인 의무의 관점에서, 근대성의 양립하기 어려운 두 가지 관점을 표현하고 있다. 전자의 경향은 이미 만연된 사고방식으로서, 형태적 측면에 있어, 카오스와 전통적인 미의 범주 및 사회적 관련성의 파괴를 받아들이려 하고 있다. 이들은 세계의 목적 없는 표류에 매료되어 그러한 형태에서 희망을 찾으려 하고 있다.

앙리 시리아니는 빛을 선호하는 보다 이상적인 근대적 전통에 발을 두고 있다. 이러한 전통은 현대건축이 단순한 양식이어서는 안 된다는 믿음 하에, 새로운 미학을 통해, 사회의 진보에 부응하려 한다. 그의 이러한 낙관주의에는 어떤 치유적이고 편안한 것이 있으며, 그의 이론적 교의와 그의 언술에 담긴 주장을 넘어, 20년 이상이나 우리 사회를 분열시켜온, 죽은 유토피아들을 애도하는 광범위한 파노라마에 대항하여, 우리를 감싸 안는 그의 확고한 자세에는 무언가 위안을 주는 것이 분명 있는 것이다.

〈Francois Chaslin, Introduction, Henri Ciriani, CAW, 1997〉

Archaeological Museum

Presqu' il du Cirque-Romain, Arles, Bouches-du-Rhone, 1983-1995, Henri Ciria

작품설명

| 디자인 컨셉 |

〈아를르 고고학 박물관〉은 기원 1세기를 전후하여, 로마 제국지배하의 갈리아(지금의 프랑스)의 유적으로부터 출토된 석관, 흉상, 석물(石物) 등을 전시하기 위한 박물관으로, 아를르의 론 강과 운하 사이의 좁은 예각 삼각형의 반도의 대지 위에 위치한다. 대지 주변은 이곳에서 발굴된 옛날 그대로의 원형 경기장이 유명하며, 로마시대의 귀중한 유적이 풍부하게 산재해 있는 지역이다. 박물관 전면에 형성된 일련의 반원형 지하구조물은 당시 이곳에서 출토된 로마시대의 유적의 모습을 그대로 전시하고 있어 역사성의 반영이라는 특성이 디자인의 주요 개념이라는 사실을 보여주고 있다.

앙리 시리아니의 이 작품은 그의 "집합주택의 시대" 이후의 미술관이라는 점에서 매우 중요하며 비사회적인 유형의 건축물이라는 점에서도 특성을 지닌다. 그는 이 작품을 통해, 건설방법보다는 재료의 조합에 더 관심을 두고 있으며, 보강콘크리트를 통해, 곡선의 가능성(유연함), 추상성, 완벽한 조형성을 실현하고 있다. 시리아니는 〈제1차세계대전 전쟁박물관〉 이후, 콘크리트의 가소성을 비롯한 여러 가능성을 탐구하면서, 작품에서 나타나는 시각적 감흥, 질감, 색채, 형태를 추구하고 있으며, 이를 통해, 일종의 현상학적 인식을 발전시켜왔다. 이러한 과정에서 자연스럽게 사회적 현실 또는 인간 개인의 내적 진실을 추구하는 형이상학적이고 정신적인 차원, 특히 공간에 자연 광을 받아들이는 경향이 강하게 나타나고 있다.

반도에 위치하고 있는 이 박물관은 아를르의 고대 도시와 새로운 주변부 사이에서 도시의 완충역할을 전개할 필요성을 강하게 요구받았다. 이에 대한, 앙리 시리아니의 해결책은 이탈리라 피사 지방의 〈캄포 산토〉에서 적용되었던 것과 유사한 방식으로 조경을 구성하고 전체 대지를 위한 단일한 아이덴티티를 발전시키는 것이었다. 시리아니의 디자인은, 고대 도시의 대지와 신도시의 대지를 연결한다는 의미에서, 인근의 역사적 원형 경기장에서 볼 수 있는 사각형과 원의 요소에서 형태를 착안하여 역사적인 의미를 지니는 삼각형의 모양으로 건축물을 디자인하고 있다. 광활한 대지에 나타난 순수한 삼각형의 모양은 근처 고속도로를 왕래하는 자동차에서 쉽게 시각적으로 인식이 가능하며, 형태는 박물관과 고대 원형극장 사이에서 긴장을 유발시키고, 이 대지에의 완전한 공간적 점유를 시각화하고 있다.

| 프로그램 |

박물관의 프로그램은 세 개의 벽들이 지니는 불투명한 정도에 따라 다르게 처리되고 있다. 삼각형 평면의 세 면은 모두 푸른색 시트지(紙)를 붙인 유리로 처리되어 있는데, 배치도에서 볼 수 있는 바와 같이, 타원으로 처리된 고대 유적으로의 진입시 나타나는 면에는 내부, 외부의 동선로가 설치되며, 건물의 관리 및 서비스 기능이 집약적으로 설치되어 있다. 반면, 수문을 향해 있으면서 남향한 측면에서는 박물관의 교육시설이 설치되어 있고 일부 전시공간도 마련되어 있다. 로마의 원형극장과 고대 도시를 마주하고 있는 배면은 투명성과 투영유수에 의해 활기를 띄며 전시공간의 배면으로서 작용한다. 이곳으로부터는 외부에서 내부의 전시공간을 볼 수 있으며 가장 투명하다. 입구 홀은 삼각형의 모서리 부분에 형성되는데, 앞쪽의 강을 바라보고 있으며, 입구 부분의 전시공간을 형성한다. 전시 공간을 삼각형으로 처리한 것은 쓸모 없는 동선을 줄이고 짧은 시간 안에 전시장으로 들어가도록 하기 위한 의도이다. 이 부분은 전시 공간의 집중도를 강화시키는 한편, 미래의 확장 가능성을 고려하는 연결고리를 만들어 낸다. 박물관에 전시되는 아이템들의 크기와 무게 때문에, 전시 공간은 대지와 같은 레벨에 위치하며, 전시공간의 가운데에 형성된 대형 계단을 통해 상, 하의 동선으로 연결된다. 과학적이고 문화적인 직선형태는 은유적이며, 내부적으로 박물관의 특성을 형성하는 삼각형의 영역을 확정한다. 자연 광은 이 박물관의 프로그램과 연관된 중요한 요소로 작용하며, 개개의 공간에 특이한 분위기를 자아내는 돌출부분에 의해 조절 및 변형된다.

| 동선순환체계 |

건물의 동선은 크게 직원용 동선과 관람자용 동선으로 나누어지며, 삼각형 모서리의 입구부분에 집중된 계단들을 통하여 동선의 원활한 흐름을 유도한다. 전시공간에 설치된 대형계단은 전시실의 독립적인 기능을 위해 반드시 필요한 요소로 작용하며, 삼각형의 형태적인 중심으로서 이 건물에 있어 매우 중요한 부분임을 강조하고 있다. 이 곳을 통해 각 전시 공간으로 연결되는데, 다른 계단과의 기능상의 차이를 시각적으로 차별화하고 있다. 입구 쪽 부분에 면한 관리자 동선은 외부에 설치된 불투명의 유리와 빛의 조절을 통해, 전시공간과는 다른 분위기를 자아내며, 외부공간과의 연계를 통해 시각적으로도 독특한 형태를 만들어내고 있다.

| 구조 시스템 |

전형적인 기둥-보 시스템을 사용하고 있는 이 건물은 르 꼬르뷔제가 건축구조와 상당히 유사한 측면을 보여준다. 기둥-보의 재료는 사용되는 부분에 따라 콘크리트와 철골로 나누어지고 있다. 내부에 사용된 가는 기둥은 하중의 부담이라는 시각적 기능 이외에 하중과는 별 다른 관계가 없는 듯한 인상마저 풍기면서, 내부 공간의 시각적 요소로 작용하고 있다. 얇은 유리 막으로 처리된 외부 벽면은 박물관에 사용된 상식적인 벽 구조와는 매우 다른 방식으로 처리되며, 푸른색의 시트지(紙)를 붙인 강화유리를 사용함으로서, 자연광의 조절을 통해 내부 공간에 풍부한 변화를 자아낸다. 벽면의 유리는 기둥-보 시스템에 의해 하중에서 자유롭게 처리되며 기둥 간격 안에서 균등 분할됨으로서 일종의 벽면 처리와 같은 의미를 갖는다. 외부공간에 형성된 보이드와 솔리드의 관계는 외벽에 튀어나온 가벽(假壁)으로 인해 삼각형의 예리함을 완화시켜주며, 자칫 단조로울 수 있는 벽면에 공간적, 시각적 풍요로움을 부여하고 있다..

Musée de l'Arles antique

Musée de l'Arles antique

Musée de l'Arles Antique

Musée de l'Arles Antique

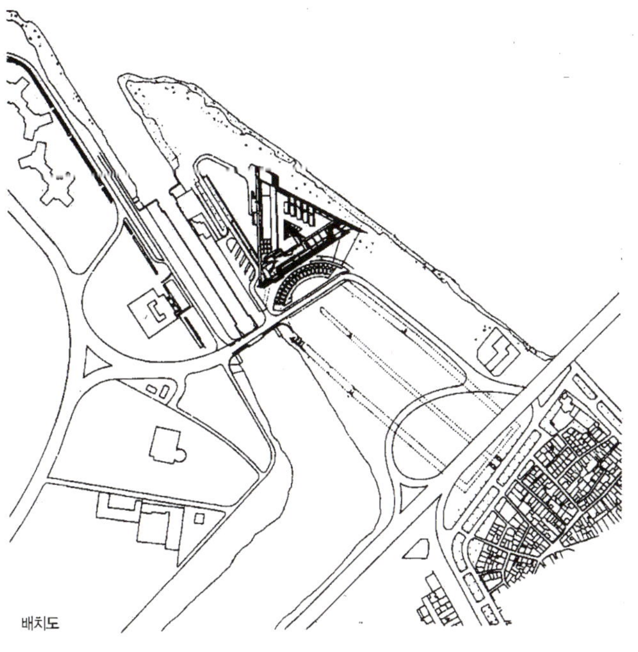

배치도

그로닝겐 뮤지엄 동관(東館)
Groningen Museum East Wing

동관 설계의 개념은 보이는 공간과 보이지 않는 공간을 전개하는 것, 지붕 구조물을 운하의 강물로 향하는 연안의 둑과 연속성을 갖게 하는 것, 박물관을 도시로 확대한다는 생각에 근거하고 있다. 이 개념의 목적은 예술을 체감하기 위해 다른 레벨을 두는 것이다. 즉 가동식 전시시스템인 "인사이드 스킨"과 동선순환체계의 다양함이 풍부한 레벨이 전시물을 보기 위한 다른 시점을 가능케 한 것이다.

Coop Himmelblau의 건축선언문
: 도시에서 우리들 신체의 산일(dissipation)

우리들은 눈에 보이는 도시 안에서(눈에 보이지 않는) 실제적이거나 혹은 잠재적인 힘의 선(線)과 힘의 ·장(場)을 만들어내어 디자인하는 것에 흥미를 느끼고 있다. 그것은 우리들이 건물이나 그것들이 만들어내는 불가사의한 그림자에 매료되는 것과 비슷하다.

근년 우리들은(그것이 어디에서 유도되는 것인지는 모르나) 디자인의 사고과정을 집약화하여 시간적으로 단축할 수 있게 되었다. 결국 프로젝트에 관한 우리의 논의가 (시간의) 길이를 확실히 단축시켜주었다. 그러나 통상, 공간적으로 예상할 수 있는 귀결에 대해서는 고려하고 있지 않다. 그 때, 의도치 않게 드로잉이 나타난다. 벽 위, 테이블 위, 찢어진 종이 위, 어딘가에 드로잉이 그려진다. 동시에 스케일 없는 모형도 항상 나타나고 있다. 이것이 우리들이 취하는 방법이다. 쿱 힘멜브라우(Coop Himmelblau)는 우리들 두 명으로 이루어진 팀이다. 드로잉의 시점에서 건축은 언어로 받아들여지며, 드로잉은 모형이라는 3차원의 수단을 통해 이야기될 수 있다(증명해 보이는 것은 어려우나 디자이너가 디자인을 강렬히 체험하면 할수록 실현되는 공간도 보다 잘 체험될 것이라는 사실을 우리는 상당히 강하게 느끼고 있다).

근래, 우리들은 문장에 의한 설명을 대신하여, 다음 단계로, 우리들 손의 제스춰로서 (작품의 의도 또는 개념을) 강조하기 시작했다는 사실에 주의를 기울였다. 그리고 파리와 빈의 프로젝트에서는 바디 랭귀지(body language)가 보다 자주 드로잉이나 모형을 대신하게 되었다. 그리고 뉴욕과 베를린의 계획을 시작했을 때, 이들 도시의 얼굴과 육체는 점차 명확해지기 시작했다. 결국 쿱 힘멜브라우(Coop Himmelblau)의 팀 작업에서, 우리들은 도시의 윤곽이나 표면을 보기도 하고 묘사하기도 했던 것이다. 우리들의 눈은 탑이 되었고, 이마는 다리가 되고, 얼굴은 랜디스케이프가 되었으며, 우리들의 상의(上衣)는 사이트 플랜이 되었다.

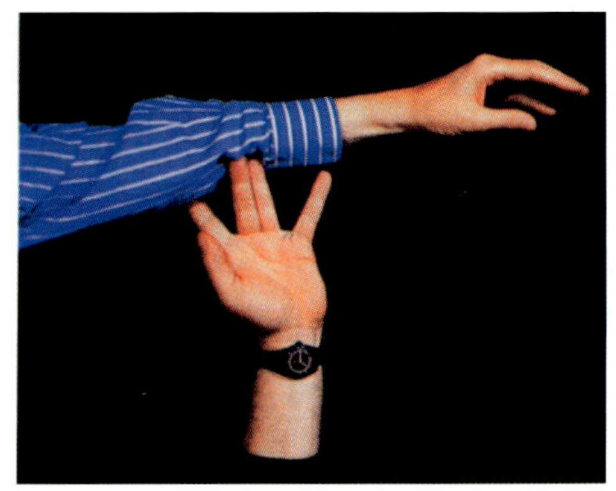

2

3

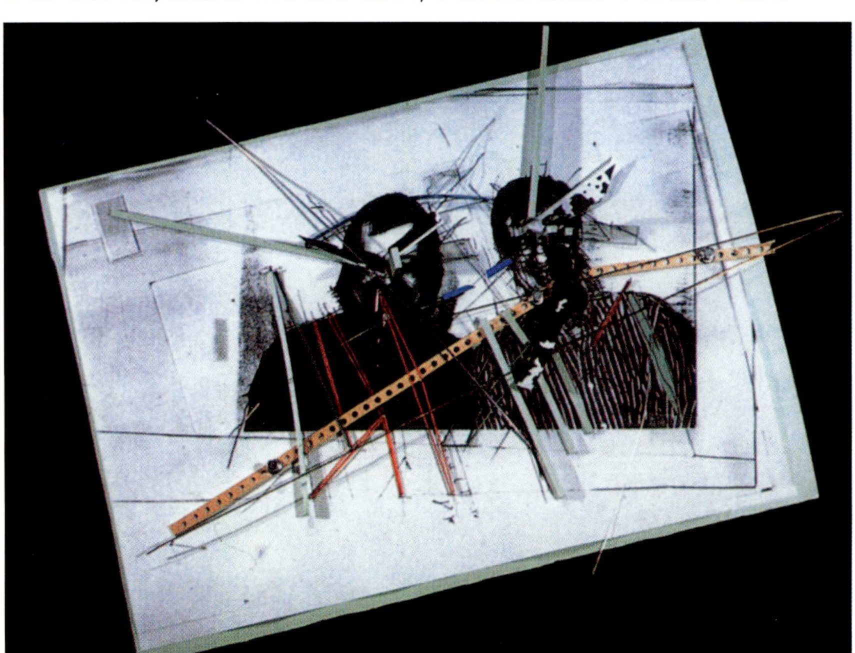

1

1 도시에서의 우리들 신체의 산일
2 바디 랭귀지
3 바디 랭귀지
4 옥상 개축
5 판더 공장 3
6 판더 공장 3

Coop Himmelblau의 건축사고방식
: 언어 내부에서 표상된 건축 – 건축은 이 순간이다.

"원컨대 바람에게 실체(body)가 있었으면 한다. 그러나 모든 것, 매우 화가 나서 인간을 해하는 모든 것은 실체가 없다. 그러나 그것은 물질로서의 실체를 갖지 않을 뿐이지, 작용인이 되는 것이다."

백경. 135장. Moby Dick

열린 건축. 어떻게 또는 누가 또는 무엇이 그러한 열린 건축을 만드는 것인가. 또는, 거꾸로 열린 건축을 어떻게 우리들이 생각하고 계획하고 건설해낼 것인가. 매일 너덜너덜 썩어져 가는 이 세상 안에서. 우리들은 이 썩어 가는 세상을 두려워해야 할 것인가. 아니면 그것을 억압해야 할 것인가. 또는 건축의 안전지대로 도피해야 할 것인가.

그 억압에 요하는 에너지, 아니면 여타의 것에 사용해야하는 에너지와 지성. 그것 역시 존재하지 않는다.
건축의 안전한 세계. 두 번 다시 존재하지 않는 것. 그 때문에 우리들은 건축 학교의 전통을 따르기는 하지만, 건축의 미와 진리에 도달하는 유일한 길이라는 건축의 도그마를 믿지 않는 것이다.

그곳에 진실은 없다. 그리고 건축 내부에는 미는 존재하지 않는다.
우리들은 우리를 19세기로 거꾸로 역행시키며, 또한 의도적으로 폐쇄적인 건축을 만들어내게 할 뿐인 도시계획가를 믿지 않는다. 그들이 만들어내는 것은 닫힌 건물. 닫힌 가로. 닫힌 광장(뿐이다).

그러나, 우리들은 어떠한
닫혀져 있고 제한된 광장도,
닫혀져 있고 제한된 집도,
닫혀져 있고 제한된 가로도,

그로닝겐 뮤지엄 동관(東館)

닫혀져 있고 제한된 마음도,

닫혀져 있고 제한된 철학도 믿지 않는다.

기능을 위한 기능도. 그리고 그것을 위한 건축가들을 믿지 않는다.

의기양양한 정치가도. 그리고 그들을 위한 건축가들을 믿지 않는다.

부동산업자도. 그들을 위한 건축가들을 믿지 않는다.

기념비의 애호가도. 그들을 위한 건축가들을 믿지 않는다.

우리들은 믿지 않는다.

그러한 건축가 누구도 또는 무엇도 우리는 믿지 않는다.

왜냐하면, 누구나 올바르다고 할 수 있으며, 그러나 그들 모두 명확히 차이를 지니고 있기 때문이다. 누구나 올바르고, 그러나 모든 것이 차이를 지니고 있는 것. 그것이 열린 건축을 향하게 한다. 우리들은 이미, 메르츠 스쿨 (Merz School)의 디자인 해설에서 "열린 체계"의 개념에 대해 이야기했다. 건물, 공간, 조합된 볼륨, 변천, 상황, 그리고 그것들이 가능케 하는 변화를 성격지우는 것으로서의 "오픈 시스템, 열린 체계"를 말이다.

우리들은 마치 X 선을 투시하여 보는 것과 같이, 그 광경을 묘사하고 상호 정점에서 단면을 교차시키기 시작했다. 이것은 건물 전체를 관통하는 얼마의 축선이 교차되는 도형을 경험적으로 연상시키는 단면도 안에서, 그 결과로 나타난 것이었다.

건물이나 결합부에서, 축소된 부분이나 확장된 부분은 디자인에서 보다 예리하게, 명확히 세련화 된다. 그러나 완성된 건물 안에서 그것들은 사람들의 눈에 띄지는 않는다. 다만, 명확히 느껴질 뿐이다.

"열린 건축" 그리고 〈ENTWURF〉(디자인 또는 계획)를 제창하는 "디스커션 서클(discussion circle)"은 우리들에게 있어 "디스커션 스파이럴(discussion spiral)", 즉 단지 돌아가면서 말하는 토론회가 아니라, 오히려 난상토론과 같은 무언가 계속 발전하는 토론회이다.

우리들은 독일어 "ENTWURF"를 그 접두사 "ENT"와 그 어간 "WURF"로 나누어 생각했다. (ENT=나타낸다. 확률.

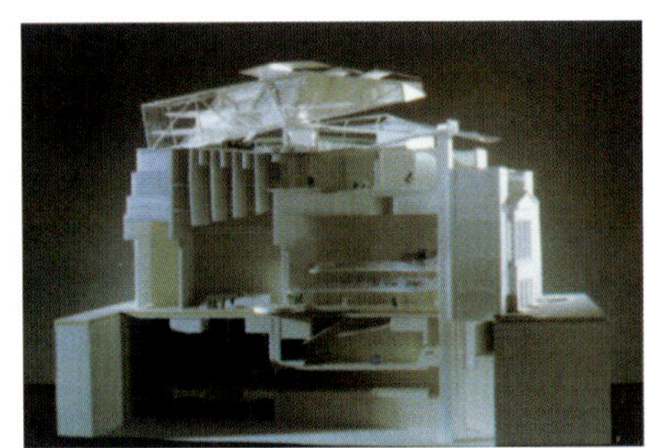

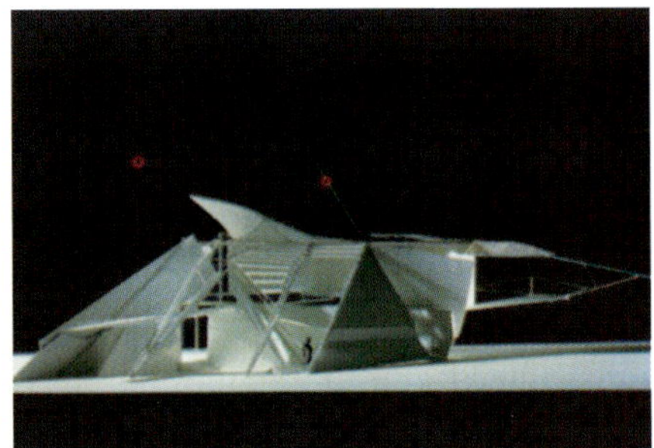

7

8

설립. 새로운 단계로 들어가는 것. 또는 오래된 단계와 결별하는 것-Cassel의 독영사전, Cassel and Company, LDT. LONDON. 1984년판). "ENT"는 ENTSCHEIDEN: 결정한다. 또는 ENTWICKELIN: 발전한다. 또는 ENTSCHLIEBEN: 결심하다. "WURF"는 설파한다. 또는 명을 부여한다라는 단어에서 유래한다. 그것이 우리들을 어디로 이끄는지 알지 못하는 상태에서, 그러나 우리들은 발상을 응축시켜 디자인 프로세스를 끌고 가기 시작했다.

우리들은 특정의 결과를 염두에 두고서 그 프로젝트에 대한 오랜 기간의 토론을 계속했다. 그리고 그것들로부터 돌연, 스케치가 홀연히 거기에 나타난 것이다. 종이 위에, 테이블 위에, 그리고 동시에 3차원의 스케치로서 작업 모델로 나타난 것이다.

7 로니쳐 극장
8 오픈 하우스
9 함부르크 스카이라인
10 비엔나 아파트 단지
11 메르츠 스쿨
12 베를린 청소년회관

이러한 과정이 우리들이 일을 진행하는 방법이다. 쿱 힘멜브라우(Coop Himmelblau)는 팀이다. 스케치를 하는 기간 중, 건축은 파트너에게 그 묘사된 것을 설명하기 위한 언어 안에서 보완된다. 프로젝트는 경험된다. 그리고 디자인의 경험적 순간은 상호 이해된다(우리들은 그것을 이성적으로 이해하는 것이 아니다. 오히려 강하게 경험한다. 그 디자인을. 그 건물이 되어야 하는 것을).

그리고 바로 이 순간 그곳이 건축이 보다 생명력을 갖고, 건축이 지각되는 때이며, 그것이 "ENTWURF"의 순간인 것이다. 이 순간, 모든 주변의 압력은 순식간에 붕괴한다. 불우의 사건은 사라져버린다.

(강연 〈아키텍쳐 나우(Architecture Is Now)〉에서 발췌)

10

11

Groningen Museum East Wing

Museumeiland 1, Groningen, Coop Himmelblau

작품설명

| 디자인 컨셉 |

그로닝겐 박물관 동관은 16세기 예술로부터 현대예술에 이르는 수장품을 전시하기 위한 전시시설로 위탁되었다. 건축주인 그로닝겐시(市)에 의하면, 전시시설은 복합적인 박물관 전체의 일부분으로 처리하고 전체 계획은 밀라노의 알렉산드로 멘디니의 설계사무소에서 설계한 것이었다고 한다. 그리고 초청 건축가로서 쿱 힘멜브라우(비엔나+로스엔젤레스), 필립 스타르크(파리), 미셀 드 루찌(밀라노)가 참여했다.

우리들 동관 설계의 개념은 보이는 공간과 보이지 않는 공간을 전개하는 것, 지붕 구조물을 운하의 강물로 향하는 연안의 독과 연속성을 갖게 하는 것, 박물관을 도시로 확대한다는 생각에 근거하고 있다.

이 개념의 목적은 예술을 체감하기 위해, 다른 레벨을 두는 것이다. 즉, 가동식 전시시스템인 "인사이드 스킨"과 동선순환체계의 다양함이 풍부한 레벨이 전시물을 보기 위한 다른 시점을 가능케 한 것이다.

설계 프로세스는 자연광과 인공조명에 의한 3차원의 볼륨 스터디와 최초의 개념 스케치를 결합시킬 필요가 있었다. 이 결합 프로세스는, 그 결과로서, 설계 개시 당초의 흥분과 개념인 사이코 그라프를 보여주는 스케치 모델을 만들고 공간을 해석한다. 그 상태에서, 이 설계 프로세스는 간헐적으로 생겨난 스케치 모델의 모습을 취하고 있으며, 입체적인 디테일을 실제의 건축으로 변환시키는 시도이기도 하다.

디지털화의 최초의 프로젝트인, 1898년의 〈오오사카 폴리 No.6〉와 같이, 우리들은 최초의 스케치 모델을 계속했고 그대로 3차원의 그리드에 자리잡게 하는 것이 가능했다. 이 디지털 모델은 구조와 공간의 디테일을 고려하기 위해 약간 확대되었는데, 결과적으로 파빌리온의 일부로서 직접 이용되었다.

최초로 고안되어 종합 프로세스에서 사용되어왔던 스케치가 최종적으로는 스케일 모델이 되며, 모델의 스케일로부터 실제의 건축 스케일로 디지털적으로 확대되어, 그 도면이 스틸 플레이트 위에서 타르(tar) 층으로서 페인트 되었다. 저(低) 예산과 짧은 공기의 조건을 만족시키기 위해, 동관의 주된 부재에는 이 지방의 조선공법을 이용하기로 했다. 기하학적으로 복잡한 스틸 플레이트의 시공도면은 직접 컴퓨터 모델로부터 만들어졌으며 거기에서 극히 정확히 파빌리온을 두르는 무게 300t의 스틸 플레이트의 이중 쉘을 조선소에서 만들게 했다.

이 스틸 플레이트는 구조, 단열처리, 페인트, 단부 디테일 등 모두 완전히 공장에서 생산 조립된 상태에서 화물선으로 대지로 수송되었다. 이 합리적인 프로세스에 의해 시공이 신속하고 경제적으로 이루어졌으며, 또한 모두 용접제의 디테일을 지닌 이 건물은 건축이라기 보다는 배와 유사하다고 할 수 있다.

100년 후를 상상해보자. 스틸 플레이트는 녹으로 부식되어 버리고 말 것이다. 그러나 드로잉은 타르이기 때문에 녹 쓸지는 않을 것이다. 100년 후, 미술관은 사라지고, 스케치만이 남게된다.

독일 선사 박물관
The Museum for Pre-And Early History

Josef Paul Kleihues의 건축사고방식

요셉 파울 클레이후스(Josef Paul Kleihues)

베를린은 당시, 국제 건축 박람회(IBA)로 인해 분주히 돌아가고 있었다. 그곳에서는 세계 각국에서 엄선된 건축가들, 즉 고트프리트 뵘, 구스타프 페이흘, 한스 홀라인, 레온 크리에, 알도 로시, 지오르지오 그라시, 제임스 스털링, 피터 쿡, 웅거스, 그레고티, 글렌벡, 찰스 무어, 피터 아이젠만, 렘 쿨하스, 존 헤덕, 헤르만 헤르쯔베르하, 알바로 시자 그리고 아라타 이소자키 등이 각각 공공 하우징, 박물관 및 특수 시설들에서 실로 다양한 건물을 실현함으로서 서로 경쟁하고 있다. 그 중 특징적인 것, 예를 들면 구스타프 페이흘의 정수장치(淨水裝置), 알도 로시의 하우징, 레온 크리에의 하우징 등은 이미 잘 알려진 것이다.

이러한 베를린의 IBA 국제박람회를 총 지휘한 사람이 바로 요셉 파울 클레이후스이다. 클레이후스는 그다지 명성이 없는 건축가였는데, 그 이유로 1962년 이래의 긴 설계 경력에도 불구하고 실현된 작품이 열 손가락 안에도 들어가지 않을 정도로 작품 수에서 적기 때문이라는 설명이나, 1973년부터 도르트문트 대학을 비롯해 쿠퍼 유니온 등에서 교육 활동에 전념하고 있었기 때문이라는 설명은 너무 피상적이거나 천박한 감이 있다. 그가 잘 알려지지 않은 이유는 아마도, 자신의 주요 건축사상을 이루고 있는 합리주의 그 자체가 이 나라에서는 결국 뿌리를 내릴 수 없었다고 하는 편이 옳을 것이다. 그리고, 더욱이 건축 설계의 평가가 실현된 작품에 대해서만 인정되고 있는 이 나라의 건축 이론의 미성숙함이 크게 작용하고 있다고 보아야 할 것이다.

1

요셉 파울 클레이후스의 건축 사상을 소위 네오 합리주의라는 세계적 규모의 범주에 넣는 것은 누구나 수긍할 것이다. 하지만 동시에 클레이후스 또는 웅거스 등의 독일 신 합리주의가 알도 로시나 G. 그라시 등과 같은 이탈리아 신 합리주의, 즉 텐덴챠와 다르다는 것, 더욱이 베네룩스-이스파노 축에 의한 것 모두가 다르다는 사실에 동의 할 것이다. 간략히 그 차이를 말한다면 클레이후스의 합리주의에는 알도 로시가 말하는 유형학(Typology)의 개념, 집단적 기억의 개념은 들어가 있지 않으며, 베네룩스-이스파노 축에서 볼 수 있는 국가 권력 지향의 그림자도 들어가 있지 않다. 클레이후스는 그것을 "시적 합리주의"라고 부르고 있지만 이것은 언제나 그가 F.W.J. 실링의 "현실의 불가지적 기반"이나 L. 비트겐슈타인의 "표현 불가능성"을 작품 안에 내재시키고 있기 때문이다. 클레이후스는 합리적으로 결국 이성적으로 사물을 "조립"한다는 것은(실링 역시

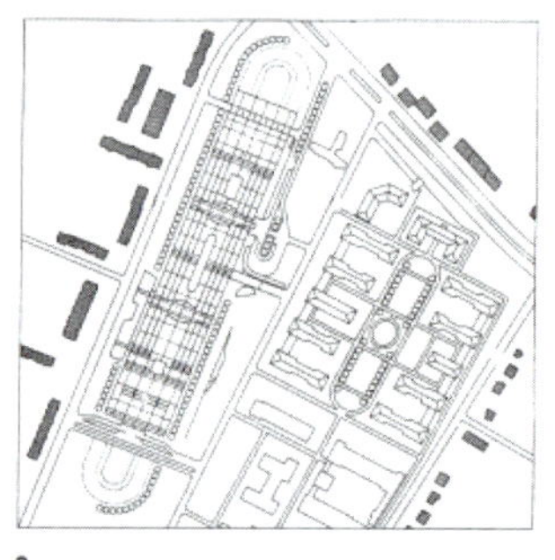

2

3

4

1 신 노이캐론 병원 / 위치도
2 신 노이캐론 병원 / 배치도
3 신 노이캐론 병원 / 화사드
4 신 노이캐론 병원 / 입면 디테일
5 연수센터와 유스호스텔
6 연수센터와 유스호스텔 / 오디토리움의 곡선 정면
7 연수센터와 유스호스텔 / 유리지붕으로 된 로비 입구
8 주택과 쇼핑센터 / 장식요소
9 주택과 쇼핑센터 / 계단실

"Konstruktion"이라는 말을 사용했다) 생각해보면 언제라도 원인을 알 수 있는 듯한, 즉 바꾸어 말하면 설계시에 언제나 추리에 의해 읽어낼 수 있는 듯한 그런 건축과는 반대의 건축인 것이다. 이것은 실링이 말하는 "지적직관"에 의한 "구성"이 아닐까.

요셉 파울 클레이후스는 1933년 라인 안 델 엠즈에서 태어나 슈투트가르트 공대, 베를린 공대에서 공부했으며, 5월 혁명 이전의 파리 미술 학교에서 수학했다. 한스 펠찌히의 아들인 피터 펠찌히에게서 사사받은 후, 1973년 이래 도르트문트 대학에서 건축론 및 건축 설계를 가르치고 있으며, 여기서 그가 조직한 〈도르트문트 건축전〉은 일약 세계의 주목을 받았다. 후안 아이크, 한스 홀라인, 아라타 이소자키, 찰스 무어, 알도 로시, 제임스 스털링, 웅거스,

로버트 벤츄리 등의 작품을 전시한 전람회를 비롯해, 간행물이 많은 문제와 화제를 던졌던 것이다. 그리고 1979년 〈IBA 국제 건축전〉의 책임자로 임명되었다. 그 다음 해, 베니스 비엔날레의 〈스트라다 노비시마〉에 작품을 출품했던 외관 설계는 우리의 기억에도 새롭다. 그 후로는 도르트문트 대학에서 도시 설계를, 뉴욕의 쿠퍼 유니온에서는 건축 설계를 강의하고 있다.

클레이후스의 작품을 특징짓는 것은, 극도로 정밀한 기하학적 정합성과 시적 파격이라고도 말할 수 있는 중단성(中斷性)이다. 이 특징은 초기의 작품, 예를 들면 베를린의 그의 자택 옆의 아틀리에로부터, 프랑크푸르트의 〈선사 박물관〉에 이르기까지 엿볼 수 있다. 제시된 프로그램에 응하기 위해, 그것을 구성분자로까지 이해하고, 그 레벨에서의 구성분자 상호의 맥락을 찾는 것으로부터 시작하고 있는 점에서는, 올바르게 분석적이며, 합리적이라고 말할 수 있다. 그러나 구성분자가 전체적으로 모아지고 거론되는 레벨에서는, 서로 이야기를 주고받거나 서로 배척함으로서, 각 처에 미묘한 그리고 의도적인 파격을 이루고 있는 것이다. 클레이후스는 이러한 서로 대립하는 2개의 것을 "시(詩)와 비(比)"라고 부르고 있다. 그러나, 이러한 이원성의 설계로 인해, 클레이후스의 건축에는 이탈리아 합리주의에서는 찾아볼 수 없는 표정이 나타나며, 베네룩스 합리주의에 따라다니는 기념비성이 사라지고 있는 것이다.

5

6

7

8

현실의 불가지론적 기반 : Vittorio Magnago Lampugnani

이성의 마지막 단계는, 그것을 초월하는 것이 별의 수 만큼이나 존재한다는 것을 인정하는 것이다.

파스칼, 「팡세」

요셉 파울 클레이후스는 베를린에서 한스 샤로운의 지도 하에 공부한 일이 있는데, 파리의 에꼴 데 보자르에서 학사 학위를 취득한 후, 일찍부터 특유의 건축 언어를 개척한 피터 펠찌히의 사무소에서 근무하고 있었다. 그의 "시적 합리주의"는 분류하기 어렵지만, 그가 건축적으로 목표로 삼고 있는 것은, "말뜻 그대로, 이성으로 치환할 수 있는 것"이거나, "반대로, 이성만으로서 해독되는 것" 모두 아니다.

그는 프리드리히 빌헬름 요셉 실링이 말하는 "현실의 불가지론적 기반"이나, 이성에 대한 최후의 인식 이론 정복자인 파스칼에 의한 세상의 불합리한 구성요소를 해명하는 것에 관심을 갖고 있는 것이다. 그러나 마법이나 전설에 대한 로맨틱하고 순진한 경향은, 셍텍쥐베리의 『어린 왕자』나 J.R.R. 투르킨의 『반지 이야기』등과 같은 실제의 심원한 작업에 의해 명백하게 된 것이지만, 이것은 클레이후스의 인내심 깊게 이론적인 추구의 일면을 나타내고 있는데 지나지 않는다. 따라서 실링으로부터의 인용을 반복하는 것은 거의 비본질적인 것이다. 실링은 임마뉴엘 칸트가 고찰한 새로운 발전을 찾으려고 노력했지만, 그는 칸트의 이상주의에 현실적인 요소를 혼합하고, 불합리한 면을 초월하기 위해 어떤 부분은 파기했다.

이것과 유사하게, 클레이후스의 건축적 실험주의는, 기능적 이유나 고전적 전통이 지배하고 형태적 발전이 결여된 순수한 합리주의적 대지에 뿌리를 내리고 있는 것이다. 그 출발점은, 그 이후의 합리화를 요구하는 귀납적 그룹을 이루는 예술적 태도에 있는 것이 아니라, 미학 즉 비판적 이론에 의해 발전되어 온 파괴적으로 과장된 해석에 두고 있다.

클레이후스의 건축은 종이 위에서가 아니라, 마음 속에서 만들어진다. 최초의 거친 스케치에서는 이미 최종 단계의 도면에서나 볼 수 있는 것이 전부 포함되어 있다. 스케치의 과정을 빠짐없이 조사하고, 크로키 종이 위를 자유분방하게 꾸물거리는 부드러운 연필 선을 더듬어 보면, 풍부한 표현이 넘치고 있음을 볼 수 있다. 그러나 이는 스케치 이후의 다음 연구가 전혀 필요없다는 것을 의미하는 것은 아니다. 즉, 거꾸로 정확한 자신만의 생각과 주장을 갖고 정성스럽게 연구가 행해지고 있다고 할지라도, 그것은 정신적, 즉 사람의 마음 속에서 만들어지며 실제로 행동으로 옮겨지는 것은 아니라는 것이다. 있는 그대로의 개개의 현실을 새로운 이상적 현실로 변환함과 동시에 지적 순수성과 상당한 명석함을 유지한다는 노력은, 적극적인 순화 과정의 결과로서의 단순성을 결과케 하지만, 거기에서는 장(場)의 복합성이 단지 감소하는 것이 아니라 오히려 통합을 가져다 주는 것이다. 제니우스 로사이(genius loci)에 대한 이러한 감각은, 놀랄 만한, 때에 따라서는 화가 날 정도의 유연성과 결합하고 있어, 클레이후스의 작업이 알도 로시 보다는 오히려 제임스 스털링이나 비토리오 그레고티 등의 활동과 유사하다고 평가되고 있다.

작품의 프리젠테이션은 그 작품의 원칙에 충실한 것이다. 먹이 들어가 있고, 색연필로 채색 된 갈색

의 종이를 바라보면, 그의 건축적 드로잉은 초등 위상 기하학으로 환원되어 프리젠테이션 테크닉의 생기와 직인의 기술을 버리고, 어떠한 시각적 효과로부터도 멀리 떨어져 있다. 우아하게 단순화 된 아이소메트릭 드로잉은 이 프로젝트 구성의 3차원적 기하학 법칙을 표현하고 있으며, 거의 단일색인 조심스러운 투시도는 공간을 자랑하는 듯한 인상을 주지 않는다. 건축 드로잉은, 감각 및 시각적 성질과 예술적 자율 의식을 잃지 않으면서, 단순한 목적을 위한 수단이 될 수 있다. 클레이후스는 드로잉의 범위에 대해 항상 프레젠테이션의 새로운 수법을 지속적으로 요구했으며, 그 한계까지 양식화를 밀어 내어, 왜곡이나 "잘못된" 투영법을 결코 무서워하는 일이 없었다. 베를린에 있는 시청소국(市淸掃局)의 주 작업장의 아이소메트릭 입면

도 및 단면도에 대해서는, "열구성(列構成)"의 원칙인 시스템성을 확실히 보여주기 위해, 기하학적 묘사의 규칙이 깨지고 있으며, 허위가 진실의 하부구조에 존재하고 있다. 이와 같이, 건축은 드로잉의 "목적"이며 "중심"이고 간헐적으로 보이는 윤곽의 무미 건조함은 아이디어의 다양성을 속박하지 않기 때문이라고 말하기보다는, 오히려 너무나 많은 아이디어에 대한 끊임없는 노력의 증거이다. 본질적인 표현은, 언뜻 보아, 가장 태평하고 분명히 지나치게 유희적이라고 말 할 수 있는 것에조차, 여전히, 계속 최종적인 표현목적이 되고 있는 것이다.

테오도르 W. 아도르노는 1965년의 에세이 안에서 다음과 같이 경고하고 있다. "오늘의 미는, 대상이 그 안에 존재하면서도, 숨김없이 추구하는 것에 의해서만 승리할 수 있다는 모순이야 말로 유일한 척도이다." 현재의 미는, 항상 그렇듯이, 이러한 척도만으로 이루어 진 것은 아니다. 그러나, 실제에 있어서는, 현실과의 성실하고 냉혹하며 그리고 용맹한 갈등이야말로, 그 "불가지론적 기반"을 분명히 하고, 단순한 유미주의를 초월한 시적 체험으로의 길을 열 수 있는 것이다.

BILFINGER+BERGER

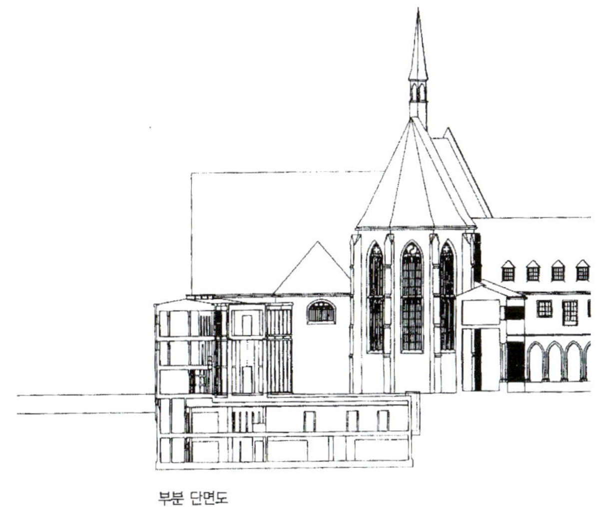

부분 단면도

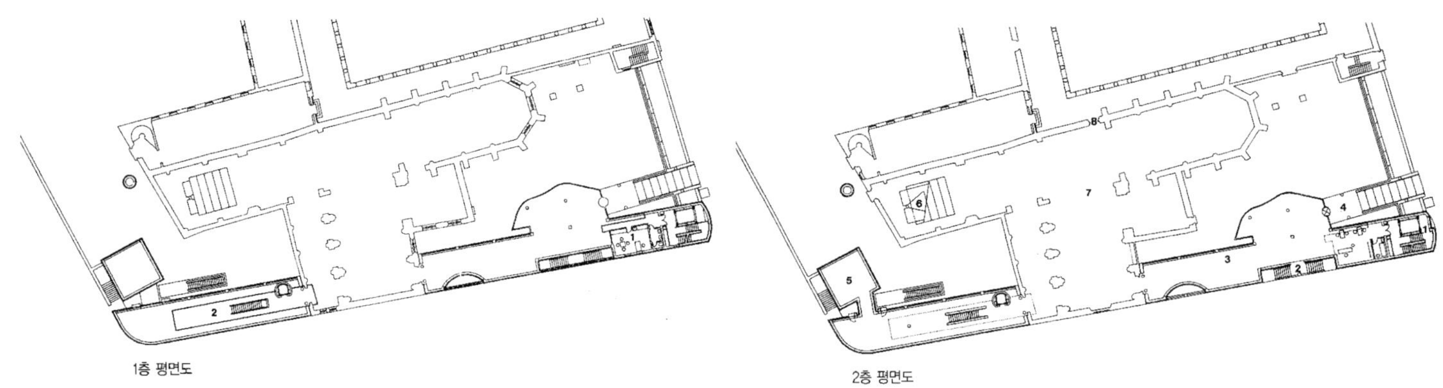

1층 평면도   2층 평면도

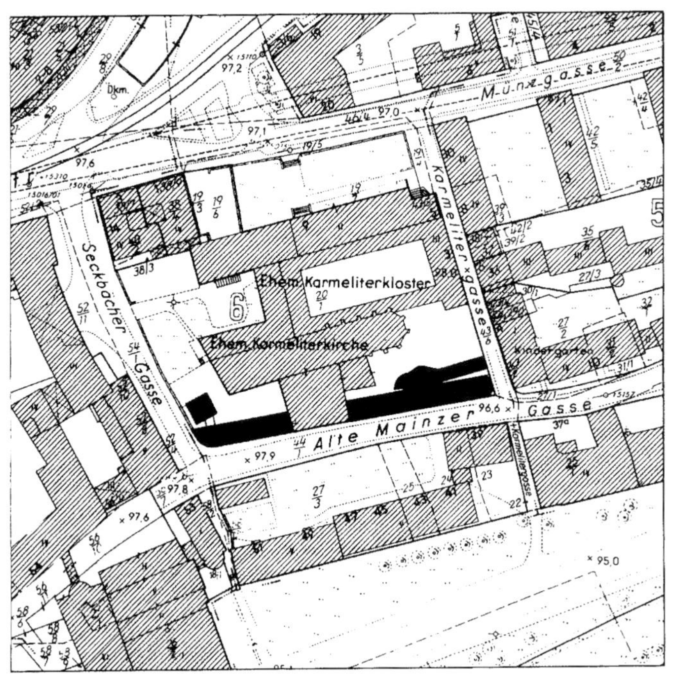

배치도

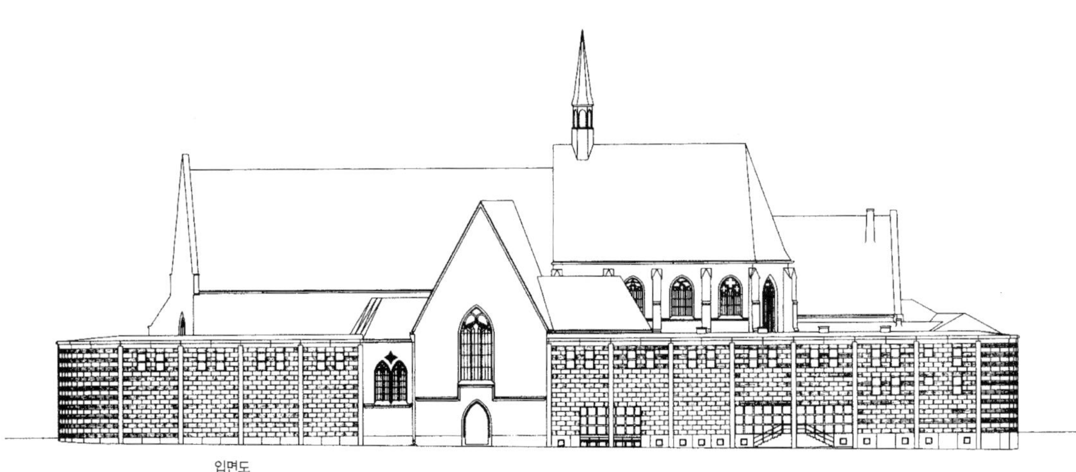

입면도

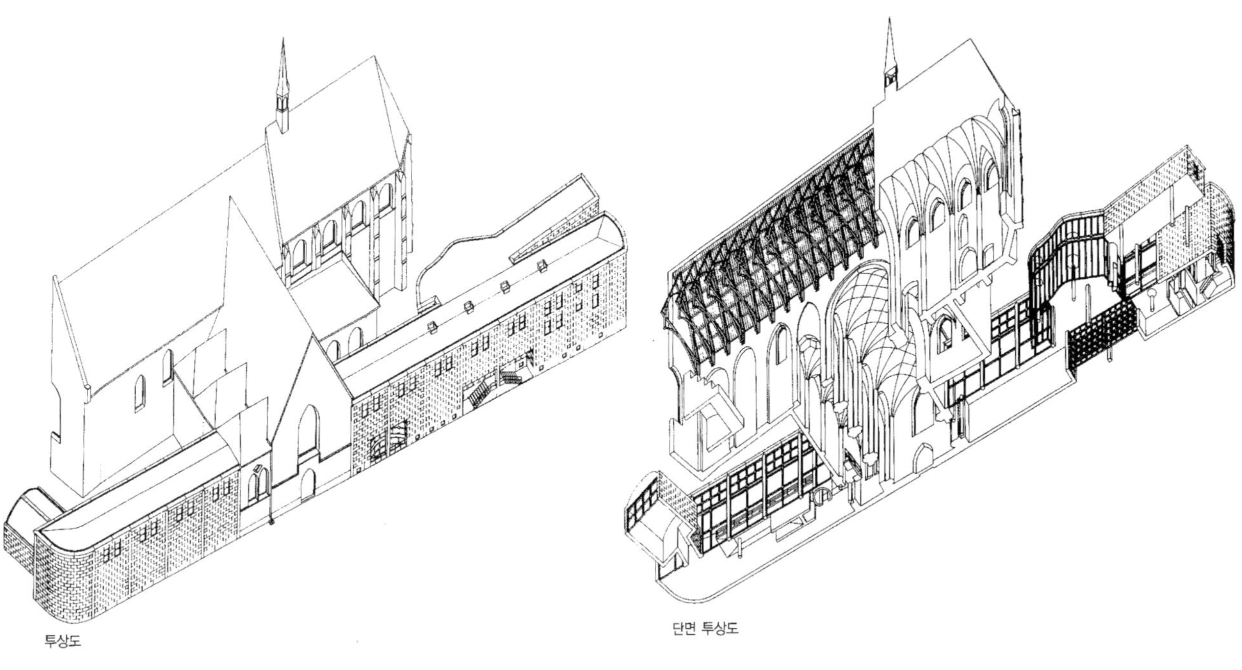

투상도   단면 투상도

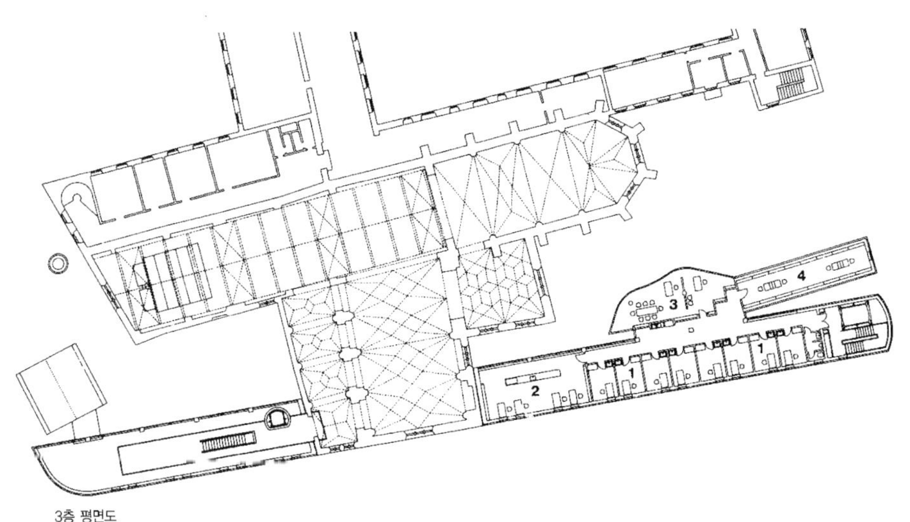

3층 평면도

횡단면도

키르히너 뮤지엄
Kirchner Museum in Davos

Gigon & Guyer는 많은 수의 미술관을 설계했는데, 그 중 〈키르히너 뮤지엄〉은 첫 번째 주요 건물로서 변화된 미니멀리즘이라는 기본적인 특징들을 보여준다. 층고가 높은 전시 갤러리들은 중심에서 치우쳐 있으면서 다소 과장된 대규모 호텔과 독립적으로 서 있는 근대적인 아파트 건물 사이에 펼쳐진 길고 평평한 대지에 배치되어 있다. 새로운 복합 건물로서, 다보스의 키르히너 미술관은 도로 높이의 기단부로 인해 볼륨의 강한 존재감을 드러내는 한편, 갤러리의 랜턴들은 인접해 있는 아파트 건물과 어울리는 모던한 분위기를 규정하는 요소로 작용한다. 이 미술관은 내부 공간의 분위기와 주변 환경 모두를 해치지 않으면서, 큰 차이 없이 유사하게 구성된 전시 공간들은 유사한 형태들이 만들어내는 집합적 특성을 창조함과 동시에, 미니멀리즘 건축에서 종종 볼 수 있는 진부하고 균질적인 성격으로 후퇴하지 않은 모습을 보여준다. 내부공간과 외부에서 나타나는 성교한 니네일의 처리는 건물에 구축직인 인성을 부여하며, 늪이 설치된 천정에서 빛을 받이들이는 방식이나 유리 피복된 요소들의 연속성, 전시 공간들에 마감한 흰 벽면과 참나무 바닥재의 직설적인 느낌, 그리고 프로그램을 수용하고 있는 부분들의 구성에 대한 결정은 모두 사용자들이 예술과 관련된 작업에 몰두하면서도 건축 자체의 장엄함에 압도당하지 않을 수 있도록 해주는 변형된 미니멀리즘의 건축을 보여주는 특징들이다. 건물 디자인의 주된 목적은 예술가 키르히너의 작품을 전시하되 결코 작가의 작품과 맞서거나 그것을 압도해서는 안 되는 것이었다.

Gigon & Guyer의 건축사고방식
:변화된 미니멀리즘에 대한 소고 – Wilfried Wang

Annette Gigon & Mike Guyer

스위스 건축에서 보이는 미니멀리즘적 특성

모더니즘의 실패로 인해 드러난 현대 건축의 어려운 임무 중 하나는 근대 건물들을 일상의 문화로 재편입하기 위한 건축적 감수성을 다시 모색해야 한다는 것이다. 모더니즘의 중심이 되는 이론적 목표는 그 기초가 되는 자본주의의 발전과 중첩되어 있기 때문에 건축을 미학적인 측면에서만 바라 볼 수 없게 되었다. 그러나 근대의 교의적 특성, 즉 기능적 분리와 공업생산으로 인해 탄생한 근대 건축의 이상들 중 일부는 여전히 그 지지자들을 확보하고 있다. 그 대표적인 예들 중 하나가 사회적 관련성에 있어서 폭넓은 범주로 해석되고 있는 미니멀리즘 미학이다.

Gigon & Guyer의 완성된 건축물 또는 그들에 의해 쓰여진 글을 통해 볼 때, 이들은 적어도 넓은 의미의 미니멀리즘에 상당한 관심을 보이고 있음을 알 수 있다. 이런 맥락 하에서 지난 20년간 스위스의 독일어권에서 이루어진 미니멀리즘의 미학으로의 회귀 노력은 제2의 모더니즘이라고도 할 수 있는 하나의 입장으로 수렴될 수 있겠다. 특히, Herzog & de Meuron, Diener & Diener, Meili & Peter, Burkhalter & Sumi, Märki, Zumthor, Morger & Degelo, Caminada & Bearth, Deplazes & Ladner 등의 일련의 건축가들은 공통적으로, 자신들의 작품에서 적어도 모더니즘에서 탄생한 미니멀리즘에 어떤 형태로든 관심을 보이고 있음을 확인 할 수 있다. 이들이 보여주는 유사성에는 하나의 단일한 형태언어로 정리해버리기에는 불가능한 다양한 차이의 요소들이 상당수 존재한다. 나타난 특성은 공통적일지라도 그 배경이 되는 개념적 기원은 상당히 다르며 하나의 군(群)으로 묶기에는 너무도 다양한 양상들이 분화되어 나타나고 있는 것이다. 따라서 Gigon & Guyer의 건축 작품의 특성을 단순히 스위스의 일련의 건축가들과 동일선상에 놓거나 또는 그 아류로 평가해서는 안될 것이다. 건물의 존재이유를 가능케 한 핵심적인 개념에 이르기 위해서는 피상적인 모습보다는 형태 그 안에 감추어져 있는 본질적 차이를 파악하는 것이 보다 필수적일 것이다.

변 화 된 미 니 멀 리 즘 의 특 성

이렇게 볼 때, Gigon & Guyer의 건축 작업은 "변화된 미니멀리즘"에 대한 관심을 건축적으로 드러내고 있다고 볼 수 있다. "정통 미니멀리즘"이란, 대상의 분명한 독립성 및 형태·공간의 절대적이고도 순수한 기하학적 특성, 대개 흰색이거나 무채색으로 이루어진 단색의 균일한 표면 그리고 반축조적인 구축성을 특징으로 하고 있는 반면, "변화된 미니멀리즘"은 주변 환경의 문맥에 대한 복잡한 의존성을 나타내며, 형태·공간의 기하학적 단순성을 유지하면서도 다소의 불규칙성을 포함한, 단일색처럼 보이는 변화하는 다색의 표면을 지니고 있다. 그 결과 "변화된 미니멀리즘"은 대개 축조적인 구축성을 특징으로 한다.

"변화된 미니멀리즘"의 또 하나의 특성은 그것이 "숭고미"와 "회화적 구성" 사이에 위치하고 있다는 점이다. 이 두 가지 개념 중에서 "숭고미"는 현재 진부한 개념이 되어가고 있으며, "회화적 구성"은 거의 장식적인 경향을 보이고 있다는 것이 특징이다. 일반적인 건축에서 느껴지는 "숭고미"는 암시, 무한성의 감각, 부분들의 정형성, 볼륨의 존재감을 극대화하는 큰 스케일, 암채색(暗彩色) 등에 의해 형성되며, "회화적 구성"은 형태들의 다양성, 복잡한 배치, 표면의 거친 느낌, 갑작스런 변화와 구성의 불규칙성 등에 의해 만들어진다. 이에 반해, "변화된 미니멀리즘"은 각각 "숭고미"와 "회화적 구성"의 양단을 포함하는 절충적인 특성을 보인다. 예를 들어, "변화된 미니멀리즘"은 단순한 형태이지만 약간의 불규칙성을 포함하고 있으며, 색조에 있어 외관적으로는 균일한 듯 하지만 실제로는 다양한 혼합의 특성을 보이고 있고, 같은 축조 요소 또는 재료를 사용하고 있는 것 같지만 부분적으로는 동일한 패턴에서 어긋나는 기법을 사용하고 있는 것이다. 즉, "변화된 미니멀리즘"은 겉보기와는 달리 역설적인 특성을 종합해 놓음으로써, 자세히 관찰해보면, 부조화를 보이는 대립 요소들 사이의 긴장감을 통해 생명력을 유지하고 있는 것이나.

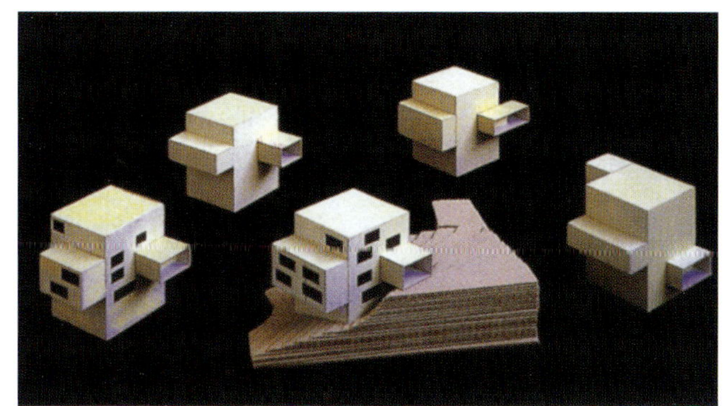

3

4

5

키르히너 뮤지엄

이론을 통한 실천적 사례들

Kirchner 미술관, 1991-1992, 다보스

Gigon & Guyer는 상당히 많은 수의 미술관을 설계했는데, Davos의 〈Kirchner 미술관〉, Winterthur의 〈미술관을 위한 임시 갤러리 증축〉(1993, 1994-1995), Appenzell의 〈Liner 미술관〉(1996, 1997-1998), 그리고 독일 Osnarbrück 인근에 위치한 〈Bramsche-Kalkriese의 고고학 박물관 공원〉(1998, 1999-2001) 등이 가장 대표적이다. 그 중, 〈Kirchner 미술관〉과 〈Liner 미술관〉에서 "변화된 미니멀리즘" 기본적인 특징들을 잘 파악해 볼 수 있다.

특히, 〈Kirchner 미술관〉은 가장 중요한 사례로, 어떤 기준에서 보아도 걸작이라 할 수 있다. Gigon & Guyer에 의해 지어진 첫 번째 미술관인 이 건물은, 주변의 다소 과장된 듯한 대규모 호텔과 개별적으로 서 있는 근대적인 아파트 건물 사이에 펼쳐있는 길고 평평한 대지 위에 배치되어 있다. 새로운 복합 건물로서 디자인된 다보스(Davos)의 〈Kirchner 미술관〉은 도로 높이의 기단부로 인해 강한 볼륨의 존재감을 드러내고 있는 반면, 갤러리의 랜턴들은 인접한 아파트 건물과 어울리는 분위기를 만드는 요소로 작용한다. 우리는 이 프로젝트가 내부 공간의 분위기와 주변 환경 모두를 해치지 않은 채 미술관의 증축으로 성공적으로 이루어질 수 있었다는 사실을 생각해 볼 필요가 있다.

규모에 있어 유사한 전시 공간들의 형태들에 의해 만들어내는 군집성은 미니멀리즘을 단순히 흉내내는 건축에서 볼 수 있는 진부하고 균질적인 성격으로 전락하지 않은 모습을 보여준다. 문양이 있는 복도들은, 전시실로 통하는 모든 입구가 동시에 보이지는 않지만, 이 서비스 공간에 모종의 의도가 숨어 있음을 느끼게 해 준다. 다시 말해, 이들은 또 다시 단순한 미니멀리즘 디자인에서 흔히 볼 수 있는 직선의 복도를 피하고 이를 다양한 방식으로 처리하고 있는 것이다. 내, 외부 공간에서 명확히 드러나는 정교한 디테일 처리는 수많은 비평가들에 의해 높이 평가된 부분이다. 높이 설치된 랜턴에서 자연광을 도입하는 방식이나 기능적인 차이에 따라 내, 외부의 표면이 약간씩 달리 처리된 유리 요소들의 연속성, 전시 공간에 적용된 흰 벽면과 오크 바닥재의 직설적인 느낌, 그리고 프로그램을 수용하는 부분들의 구성에 대한 모든 결정은, 관람자들이 전시된 예술 작품에 몰두하면서도 그것을 수용하는 건축물 자체의 장엄함에 압도당하지 않도록 배려하는 "변화된 미니멀리즘"의 특성을 보여주는 대표적인 예이다.

〈Liner 미술관〉, 1996, 1997-1998, Appenzell

아펜젤(Appenzell)의 〈Liner 미술관〉은 〈Kirchner 미술관〉에서 발전시켰던 주제들을 계승하고 있다. 특히, 이 미술관에서는 주변 환경의 문맥과의 조화가 가장 두드러지는데, 이는 단순히 톱니 모양의 기계적이고 규칙적인 모습을 보여주는 지붕모양과 부근의 공장들의 지붕모양이 유사하다는 사실 또는 이것과 인근 주택들의 이중 물매로 된 지붕들과 유사하다는 사실만을 근거로 한 것은 아니다. 이 미술관에서는 알프스 산맥의 실루엣에 대한 불분명하지만 명확한 반응도 존재한다. 디테일의 차원에서 보면, 샌드 블러스트로 처리한 후에 크롬 도금을 입힌 스틸 패널은 천창과 벽면의 개구부용 창문 프레임들만큼이나 전통적인 주택의 목조 지붕널을 기념비적으로 재구성하고 있다. 창문 프레임의 사려 깊게 조정된 크기와 외벽 밖으로 돌출된 형태는 그 자체가 거대한 액자 프레임 같은 인상을 부여한다.

각각의 전시 공간들은 일반적인 실들과 유사한 규모인 30㎡-50㎡ 정도의 면적으로 처리되어 있지만, 실의 높이는 명확히 홀과 같은 높이로 되어 있다. 따라서, 건축가들이 작은 규모의 실 면적으로 인해 상대적으로 작은 크기의 개인적인 회화들만을 고려하고 있었다는 부정적인 평가는, 전시실이 홀과 같은 높이로 처리됨으

6

7

8

6 키르히너 뮤지엄
7 라이너 뮤지엄
8 뢱실리콘 트레이닝 센터 / 모델
9 다보스 스포츠 센터 / 모델 스터디
10 다보스 스포츠 센터 / 모델 스터디
11 코스펠토 오피스 & 서비스 빌딩 / 모델
12 코스펠토 오피스 & 서비스 빌딩 / 모델

로써, 전시실에 공공적인 성격의 분위기가 주어지게 됨에 따라 상당부분 반감되었다. 이 미술관에서 가장 중요한 것은 빛이 지니고 있는 질(質)이며, 모든 표면들에 고루 분산되고 있는 분산광(分散光)은 이러한 고양된 인상을 더욱 강화시켜준다.

〈Kirchner 미술관〉을 계승하여, 〈Liner 미술관〉에서도 유사한 크기로 결정된 일련의 실들이 존재한다. 그 중 가장 큰 입구 쪽의 홀은 전시 개막 리셉션과 대규모 강연을 위해 사용된다. 홀의 천창은 이 미술관에서 북향을 하지 않은 유일한 것으로, 이곳의 강렬한 태양광은 남쪽 홀 전체에 걸친 개구부로부터 채광되고 있다. 이곳으로부터 모든 공간들로의 전통적인 형식의 관람이 이루어지며, 크고 작은 공간들 사이로 이리저리 이어지는 복도들로 연결된다. 종종 간헐적으로, 서쪽과 북쪽, 그리고 동쪽을 바라볼 수 있는 조망이 도입되고 있는데, 이로 인해 고도로 중앙 집중적이었을 내부공간에서 방향을 유지하는 것이 가능해졌다. 4가지의 서로 다른 유형의 볼륨으로 구성된 일반 전시공간들은 거의 인식이 불가능하지만 스케일상으로는 유사하게 만들어져 있다. 큰 공간으로부터 시작해 이보다 작은 공간들을 지나 다시 중간의 무대에 이르고 또 다시 작은 실에서 큰 공간으로 커지는 순서로 진행되는 점진적인 변화는 매우 미묘한 것이다.

이러한 미묘함은 외부의 형태에도 영향을 미치고 있다. 예를 들어, 입구 근처에 서 있을 경우, 건물에 대한 방문객의 지각은 확장되는 듯한 느낌을 받으며, 측면의 개구부들이 보여주는 비례감과 크롬 도금된 스틸 패널의 크기에 의해 강화된 투시도적 효과를 만들어내고 있다. 이 곳에서, Gigon & Guyer는 건물의 주변 환경이 갖는 다중적인 가치를 실험하고 있는 것처럼 보인다. 즉, 한편으로는 단순한 하나의 창고처럼 지붕이 덮인 홀이면서도 다른 한편으로는 주변에 서있는 알프스 산들의 실루엣을 흉내내거 낮게 엎드린 괴물과도 같은 인상을 주기 때문이다.

이처럼 그들의 작품들을 살펴보면, Gigon & Guyer의 건축이 모더니즘의 중요한 어떤 전통적 이상에 관심을 두고 있음을 확인 할 수 있다. 사용자들을 위한 공간을 담는 직접적인 건물임과 동시에 현대적인 건설 방식의 일부이자

포괄적인 건설의 경로를 따르고 있는 것이다. 그들의 건축은 가장 폭넓은 사회적 부분으로서 미니멀리즘의 미학을 추구하고 있으면서도 진부한 표현으로 전락하지 않고 이해할 수 없는 난해함에서 가능성들로 이루어지는 주변 환경과의 사려 깊은 조화와 실천의 장을 시도하고 있는 것이다. 그들의 작업의 요체는 이러한 "변화된 미니멀리즘"의 구체적인 실천에 있다고 할 수 있다.

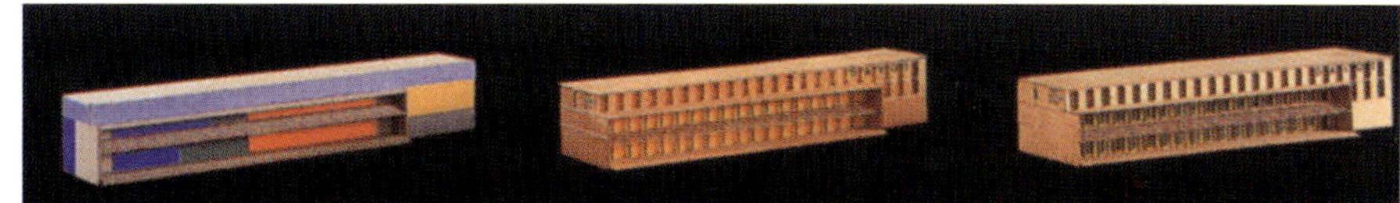

9

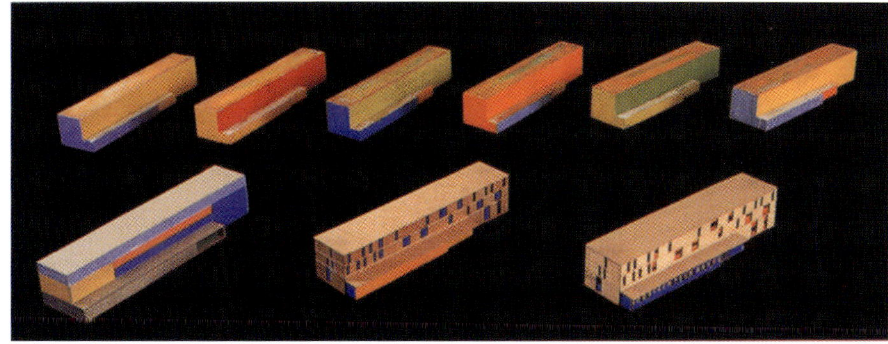

10

11

12

LHAG
krevisionen
081 63 333 4 74
13 Domat / Ems

WALDHOTEL BELLEVUE

BEI

펠릭스 누스바움 뮤지엄
Felix Nussbaum Museum

다니엘 리베스킨트(Daniel Libeskind)가 설계한 이 미술관은 오스나브루크 시에서 아우슈비츠로 비참한 생애를 마친 화가 펠릭스 누스바움(Felix Nussbaum)의 작품을 전시하기 위해 기획되었고, 기존의 신고전적인 「오스나부르크 문화사 박물관」에 증축되었다. 전체는 3개의 장방형 매스를 교차시켜, 삼각형의 안뜰을 만들어내고 있다. 주 미술관동은 외벽에 목재를 사용하고 가늘고 기다란 창이나 부정형인 창이 교착하는 특징 있는 외관을 구성하고 있다. 두 번째 매스는 노출 콘크리트 형식으로 45 m x 3m의 상대적으로 좁고 긴 공간을 구성하고 있고, 높은 천정에는 측면에 창이 없어 침울한 인상을 준다. 이것은 누스바움(Nussbaum) 자신의 고뇌로 가득 찬 생애를 상징하는 미술관 전체의 중심적인 공간이다. 세 번째 매스는 아연판을 휘감은 다리 개념의 매스이다. 미술관동과 두 번째 통과 매스를 잇는 이 매스는 '문화사 박물관'으로 연결시킨다. 한편 이 건물은 해체적 특성 때문에 다소 혼란스런 형태를 취하고 있지만, 전체적으로는 기존의 건물들과 서로 충돌하기보다는 배경으로서 작용하면서 차분한 이미지를 제공한다. 이 건물에 표현된 공간들은 단순히 전시적 효과를 위한 것이라기보다는 펠릭스 누스바움(Felix Nussbaum)의 비참했던 생애를 은유적으로 표현하고 있다. 이러한 내부공간은 매스들이 사선으로 만나면서 긴장감을 일으키는 공간들을 만들어 내고 있고, 특히 천창과 측창의 가늘고 좁은 형상들은 공간을 파편적으로 표현하고 있다.

Daniel Libeskind의 건축사고과정

다니엘 리베스킨트(Daniel Libeskind)

다니엘 리베스킨트의 건축선언

오늘까지 건축이라는 것은 잘못된 궤도 위에 있었다. "(건축은) 하늘을 향해 서있고 땅에 엎드려 있으면서, 그 존재의 본질을 이해하지 않는 고매한 사람들로부터 끊임없이 조소를 받아 왔다. 불완전한 존재 안에 뛰어난 것이 있을 것이라는 논의는 온당치 않다..."

건축의 세계는 하늘로 향해 있는 주거를 기계적으로 고치는 것과 같다. 그러나 계산 빠른 건설업자의 손이 닿지 않는 장소를 만들어 내기 위한 외관의 언어에 있어서는 충분하다고 말할 수 없다. 건축적 사상은 이미 존재하지 않는다. 그것은 논설로서의 사색이 아니라 겨우 자서전으로서의 기능을 하고 있다. 자기의 아이덴티티를 나타내는 근원적인 기원을 방해하고 있기 때문에 기술 그 자체가 언어를 넘어 주거의 개념을 무너뜨리고 있다.

건축은 뭐든지 코드에 등록하려면 이미 과거의 것이 되어버린다. 이 코드는 해독 불능의 코드이다. 코드 X, 그 기원과 기원을 무효로 하여 독창적이지 않은 것과 독창적인 것을 조장하는 코드가 뿌리내리는 곳은 불확실성의 세계이며 공허하고 죽음을 다투는 언어인 것이다. 가공의 이미지도 나타나지 않고 언젠가는 죽어야할 인간이 희망에 빛나는 시선을 던질 일도 없을 것이다. 관찰이 끝났을 때 그 눈은 자기 자신으로 향해져 자기를 확립하려고 노력하는 사람의 매력에 위로를 받을 것이다. 해골과 같은 잔해, 다치거나 또는 뇌 하부 근육의 애매한 움직임, 과격한 폭력 도시, 건축적인 것을 의미하는 코드 X.

다양화된 심미안적 본질은 여러 가지 변화를 이루어 가지만 인류의 진보에 보조를 맞추는 것은 아니다. 이러한 변천은 형태만으로 이야기하자면 오렌지를 닮은 볼록한 구형으로 돌아오는 형적을 지워 없애는 것일까? 뒤에 남는 것은 경의뿐이다. 불후의 명성을 가진 작가들이 원숙해져서 형색을 유지하는 풀꽃에 대한 기억이다. 기록에는 노이로제에 걸린 지형만이 기록되어 그곳에는 논리/건설/국가의 훈장 아래 영원히 해독 불가능한 그러나 신성한 텍스트가 침해되고 있다. 어떤 커뮤니티에도 문제는 있다. 그 활력이 꺾인 것, 정치적으로 이미 계획되었다고 하는 실망이 문제가 된다.

1

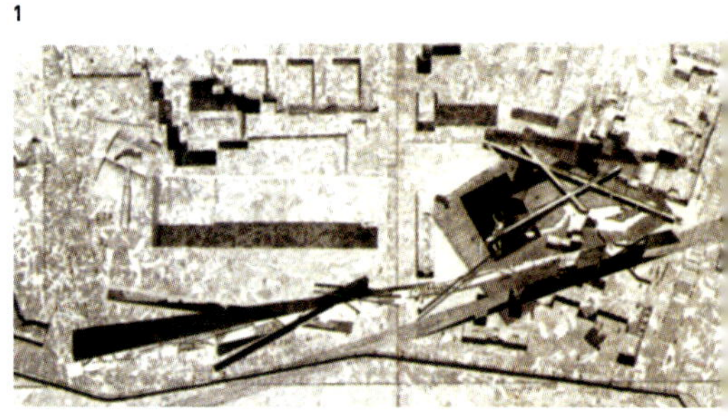

2

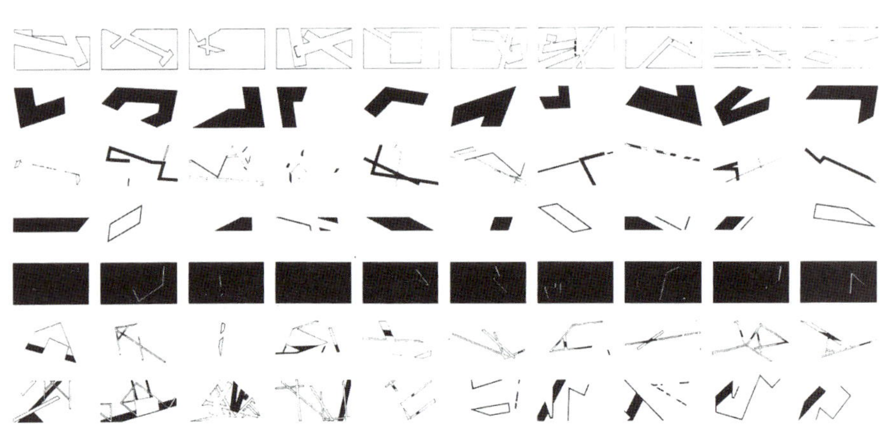

1 City Edge / 모델
2 City Edge / 콜라주
3 베를린 유태인 뮤지엄 / 형식적 어휘(다이어그램)
4 Garden of Love and Fire / 모델
5 Garden of Love and Fire / 모델
6 City Edge / Cloud Prop 모델
7 City Edge / Cloud Prop 모델

4

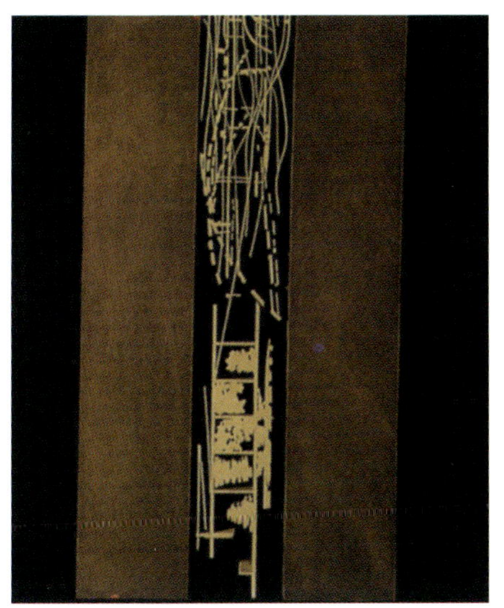

5

건축가가 제정신이라 할 수 없는 편집증의 파라다이스에 도취되는 것을 거절한다면 건축은 비역사적이고 기원이 없고 기초가 없는 것이 되어 버릴 것이다. 국제사회에 등을 돌린 국내 위기가 반복되는 시대에 만들어진 건축으로서.

(A+U. 1992. 2월. pp.64-65)

Felix Museum에 대하여

펠릭스 누스바움(Felix Nussbaum)은 1904년에 오스나부르크에서 태어나 함부르크와 그의 미래 파트너인 바르샤바 태생의 화가인 펠캐(Felka)를 만났던 곳인 베를린에서 그림을 공부했다. 1932년 독일 아카데미(German Academy)의 빌라 마시모(Villa Massimo)에서 객원 연구원으로서 로마에 있는 동안, 그의 베를린 스튜디오는 150개의 작품과 함께 불에 타버렸다.

6

7

펠릭스 누스바움 뮤지엄

1933년에 아카데미는 문을 닫고 펠릭스와 펠카는 빈번하게 이탈리아와 프랑스를 다니는 불안정한 삶을 시작했고, 마침내 벨기에에서 정착하였다. 임시 숙박시설에서 그림을 계속 그리고 완성된 그림을 쌓아가고 있던 중, 콜론에 있는 펠릭스의 부모님 집에서 그림들을 벨기에로 옮겼다. 펠릭스와 펠카는 브뤼셀에 체류할 수 있도록 그들의 비자 연장을 끝임 없이 신청할 수밖에 없었다. 1940년에 독일이 벨기에로 진군했을 때, 펠릭스는 죄수로 잡혔지만 간신히 탈출하였고, 브뤼셀시의 유태인 등록 명부(Jewish Register)에 펠릭스와 펠카가 올라가 있는 것으로 보아 브뤼셀로 돌아간 것으로 보인다. 그들이 체포되고 아우츠비츠로 옮겨졌을 때인 1944년까지 펠릭스와 펠카는 친구들의 도움으로 숨겨졌으며, 나중에 지하실에서 그림을 그리는 동안 다락방에서 살았다. 아우츠비츠에서 그들이 만났다는 것은 분명하지만 결국 살아남지 못했고, 1946년 1월에 그들의 이름은 브뤼셀 외국인 거주지 등록에서 삭제되었다.

다니엘 리베스킨트(Daniel Libeskind)의 새로운 박물관 디자인은 예술가 펠릭스 누스바움(Felix Nussbaüm)의 단절의 역사와 인생에 대한 하나의 반응이다. 다니엘 리베스킨트는 독일의 도시건축가 겸 계획가로 자신이 유대인의 건물을 전문으로 다루는 건축가라는 생각을 강력히 반박했다. 그러나 전쟁 종식 후, 꼭 반세기 동안 독일의 방송 매체들이 그의 다른 독일 내의 프로젝트보다, 아직 건설 중에 있는 〈베를린 뮤지엄(Berlin Museum)〉과 〈유태인 아파트 증축〉에 더 많은 관심을 갖는 것은 이해할 만 하다.

다니엘 리베스킨트의 건축은 잃어버린 과거와, 비록 알려진 사실들과 그림들임에도 불구하고, 이것의 최근 과거까지 물리적으로 결코 감동적이지 못한 대중을 위한 실제적인 형태 안에서 유태인계 독일문화의 단절을 해석할 수 있기 때문에, 유태인계 독일이라는 쉐즈를 다루는데 있어 매우 성공적이었다. 오스나부르크(Osnabrück)에서 펠릭스 누스바움(Felix Nussbaum)의 작품을 위한 박물관 현상설계가 개최되었을 때, 다니엘 리베스킨트와 지오르지오 그라시(Giorgio Grassi)가 설계안을 만들도록 초청되었다. 리베스킨트가 당선자로 선정되었는데, 주로 잃어버린 역사의 테마, 독일 역사의 단절, 잊혀진 사람들의 죽음과 이름을 더욱 의미있게 탐구하고 있다. 이 건물은 1996년 봄에 130만 마르크 가량의 비용으로 착공되었으며, 〈Berlin Museum〉의 증축 전인 1997년에 완공되었다. 리베스킨트는 이 누스바움 뮤지엄을 "비상구 없는 박물관"이

9

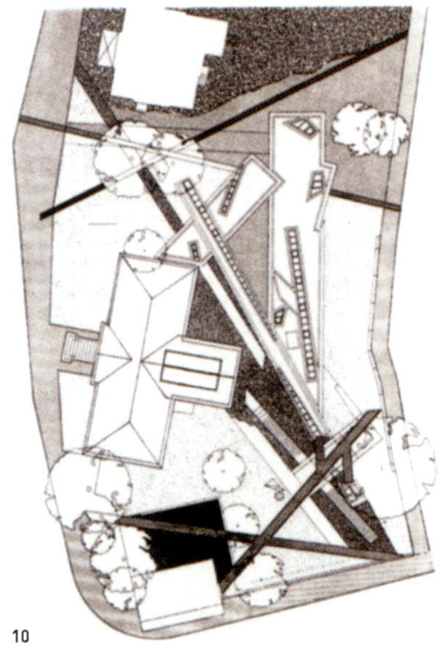

10

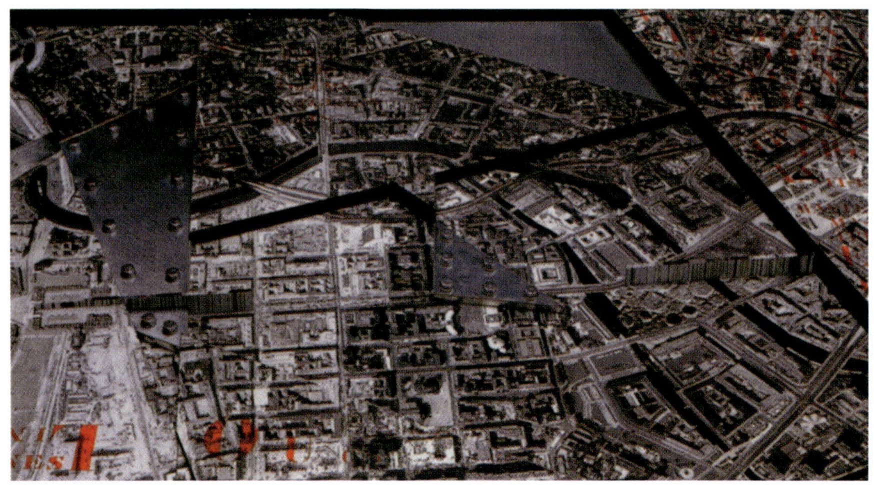

8 City Edge / 모델
9 펠릭스 누스바움 뮤지엄 / 사이트 모델
10 펠릭스 누스바움 뮤지엄 / 사이트 평면
11 펠릭스 누스바움 뮤지엄 / 모델
12 펠릭스 누스바움 뮤지엄 / 모델
13 펠릭스 누스바움 뮤지엄 / 모델
14 펠릭스 누스바움 뮤지엄 / 모델
15 펠릭스 누스바움 뮤지엄 / 모델

라 부르고 있다. 이것은 세계 역사의 시간과 돌이킬 수 없게 결부된 삶, 문명의 역사이다. 하지만, 이것의 의도는 기념비적인 것도 아니고 감정적인 것도 아니다.

다른 시간으로부터의 예술품, 건물과 조경의 병렬, 서로와 서로에 영향을 미치고 관계성을 갖는 병렬은 새로운 관계성을 드러냄을 의미하며 아물지 않고 잊혀진 역사를 의미한다. 이 건물이 있는 대지에는 누스바움의 남아 있는 그림들을 위한 갤러리의 디자인뿐만 아니라, 현재의 쉬케르쉬 빌라(Schikker'sche Villa), 그 이전 1933년에는 나치당 본부였지만 지금은 민속 예술 박물관(Folk Art collection)인 빌라, 그리고 오스나부르크(Osnabruck)의 분리된 〈문화 역사 박물관(Cultural History Museum)〉을 모두 통합된 계획으로 포함하고 있다.

이 대지는 누스바움 가로(Nussbaum Pathway)와 빌라를 새로운 갤러리에 연결하고, 미래의 가든(Garden of the Future)을 교차하며, 아우츠비츠에 자오선으로 교차한다. 또한, 이 부지는 잃어버린 회화의 갤러리(Missing Pictures Gallary)와 함께 대지를 가로지른다. 리베스킨트는 대지에 있어 항상 보이지는 않지만 영향을 미치는 선을 알고 있다. 누스바움이 도망치고 수송되었던 장소들은 물리적으로 실제로 존재하게 만들어졌으며, 대지에서 하나의 특징으로 처리되었다. 건물의 볼륨들, 주변과 그 길들 사이에 자연 그대로 가꾸어진 정원들, 생태학적인 숲, 드림 가든(Dream Garden), 열린 광장 등이 계획되었다.

리베스킨트는 이러한 부분을 다음과 같이 묘사했다. "...완전한 구조를 연결, 조합함과 동시에 역설적으로 도심에 중요한 장소(공간에 대한 기억에 있어 역사의 본질적인 지점들)를 연결한, 단절의 영구적인 수평선을 노정하는 공간들." 누스바움 가로는 삼각형으로 이루어져서 부분적으로 압축된 공간으로, 어떠한 방문자도 계획의 실제 구성요소와 오스나부르크에서의 이전 유태인의 삶의 흔적, 방화에 의해 파괴된 유태교의 예배당 모두를 경험케 하는 중요한 연결 고리와 같다. 펠릭스 누스바움(Felix Nussbaum)의 작업처럼, 이 박물관과 박물관의 배치는 당시 나찌의 압박의 상황에서 예술가의 정신적인 저항을 의미하고 있다.

11

12

13

14

15

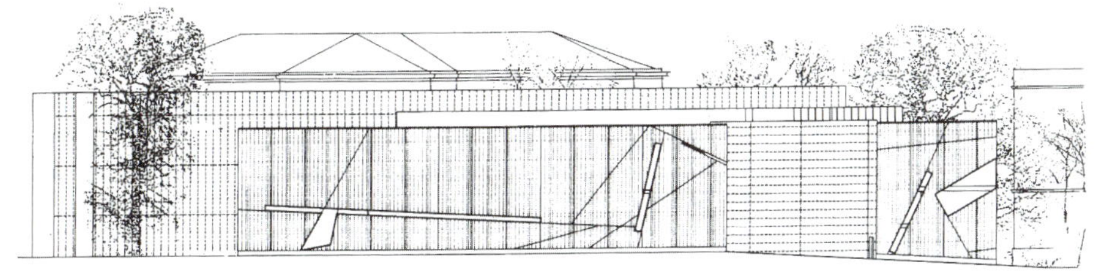

입면도

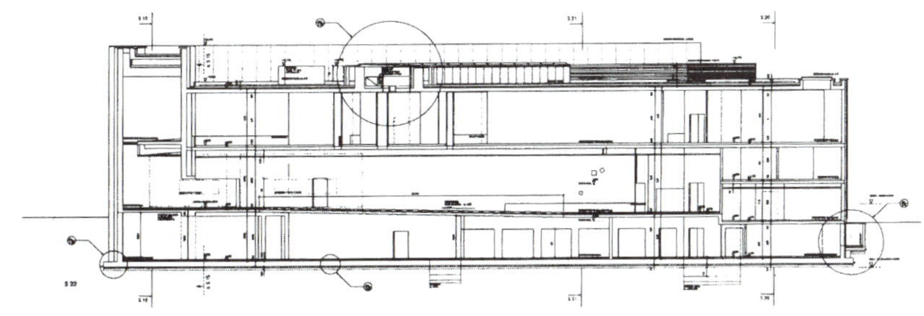

단면도 1

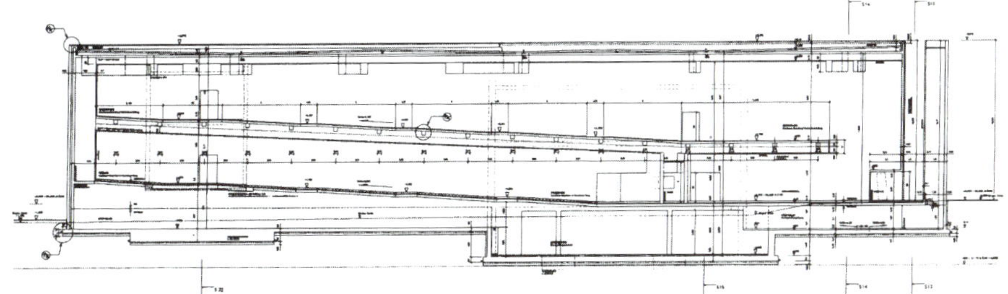

단면도 2

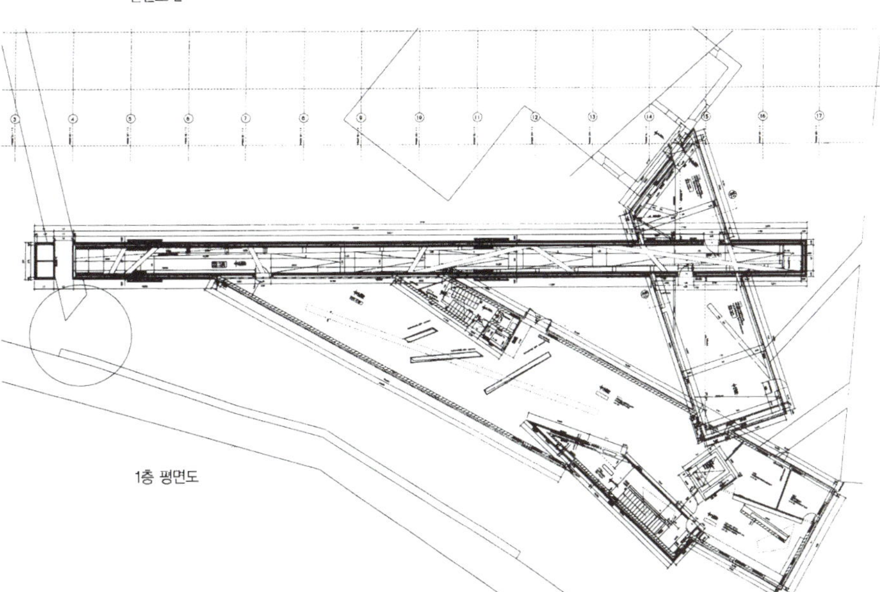

1층 평면도

바젤의 쟝 틴겔리 뮤지엄
Jean Tinguely Museum

마리오 보타의 틴겔리 뮤지엄은 도시에서 건물이 차지하는 특별한 위치 때문에 어떻게 이 건물이 도시의 건축적 발전에 기여했는지, 그리고 그것이 어떻게 도시의 색다른 4가지의 조망과 대응하는지를 분명히 보여준다. 이 건물은 스위스 바젤 근교의 플레겐도르프에 위치하며 아름다운 전원풍 공원과 라인 강이 도시의 경계를 규정하고 있는 가운데 박물관 건물은 공원의 오른쪽 단부에 위치한다. 건물은 공원의 동측 전역을 차지하며 라인 강을 면하는 입면을 제외하고는 거의 박스형으로, 각각 다르게 처리된 4개의 입면은 주변 환경과 각각 개별적 공간관계를 이루고 있다. 이 미술관에서 느낄 수 있는 특징은 전시된 미술품에 있나. 소상가인 쟝 틴셀리(Jean Tinguely)의 작품은 정지해 있는 미술품이라기보다는 움직이는 미술품이라 해야 정확한데 스스로 움직임으로서 파생되는 음(音)에 의해 관람자들과 교감하는 것을 특징으로 하고 있다. 입구 부근에 형성된 움직이는 분수는 그 대표적인 사례로, 물의 수압으로 인해 정교하게 표현되는 기계의 동력원이 물의 수압으로 인해서 물소리와 기계 소리가 자아내는 역동적인 음(音)에 의해 미술품 이라기보다는 살아있는 기계를 보는 듯하며 물에 산란되는 빛에 의해 그 효과가 점증된다.

Mario Botta의 건축사고방식

마리오 보타(Mario Botta)

Root-티치노에서의 시작...

흔히들 마리오 보타(Mario Botta, 1943-)를 지칭할 때 스위스의 티치노 건축가라는 접두어가 붙는다. 그만큼 그의 건축은 스위스라는 지역의 사회성에 기반을 두고 있는 것이다. 티치노는 보타가 태어나고, 자라고, 작품활동을 해온 곳이다.

보타는 이탈리아 국경 가까이 스위스 남쪽 지방에 있는 자신의 고향, 티치노에 새로운 활력을 불어넣어 주는데 주도적인 역할을 하고 있다. 이 지역은 농경의 역사를 가진 소박하고 검소한 도시로, 풍요로운 스위스의 다른 도시와는 딴판이다. 알프스 산악지대의 푸르름과 웅장함 그리고 호수가 갖는 고요함이 공존하는 이곳에

서 이탈리아 북부의 합리주의 건축정신과 이곳의 지역성을 건축작품으로 승화해 내는 티치노 학파라는 일군의 건축가들이 배출되었다. 그 중 마리오 보타는 대표주자라고 할 수 있다.

보타를 필두로 하는 티치노의 건축가들은 국제주의를 부르짖던 근대건축 운동 이후, 그 근대건축의 긍정적인 유산을 그들 자신의 토양에 효율적으로 접속시키는데 성공했다. 즉, 이는 그들의 전통적인 건축유산을 합리주의라는 틀을 통해 재 탄생시킨 것을 의미한다. 장인적 접근을 통하여 완벽하게 시공된 건물들은 건축적 이념과 아이디어가 실제로 현실화되는 과정에 이르기까지 수많은 노력을 필요로 한다. 결국 그것이 현실 속에 구체화되었을 때 우리는 건축의 참된 가치를 경험할 수 있다. 이와 같은 티치노의 경험은 우리에게도 많은 것을 시사하고 있다. 이들은 작품의 해석 방법들이 각기 다르지만 티치노의 토속적이며, 고전적인 전통과 이

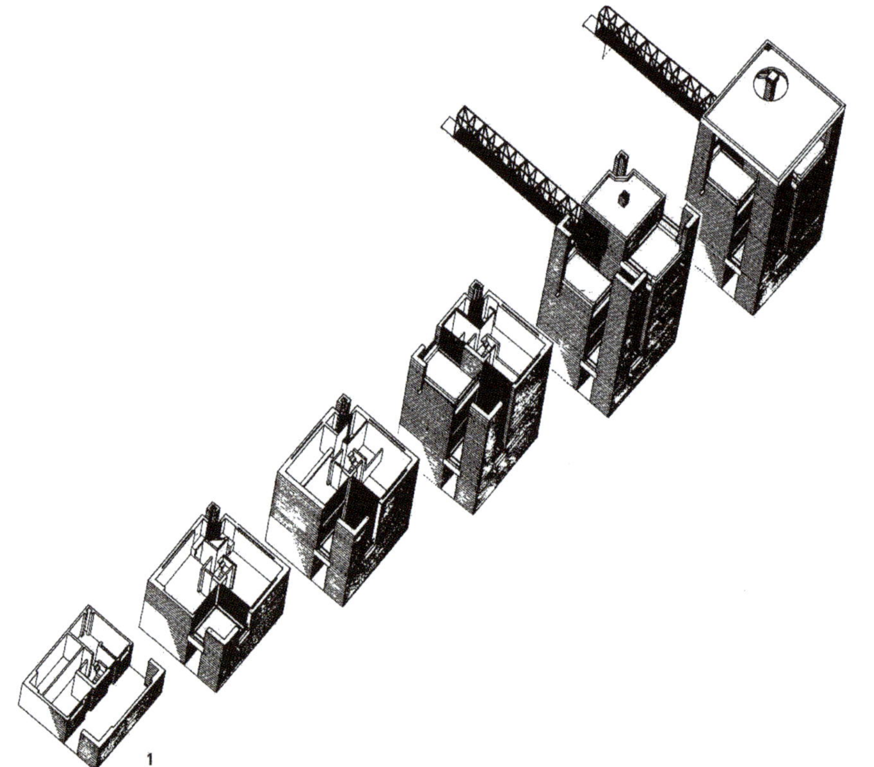

1

2

1 리바 산 비탈레 주택 / 액소노메트릭 드로잉
2 모로비오 안輔리오레 중학교
3 리고르네토 주택
4 리고르네토 주택 / 입면 디테일
5 발레로나 크래프트 센터

탈리아 북부 및 스위스의 합리적인 정신이 조화를 이루며, 최종 형태 실현에 있어 완벽주의와 고도의 디테일 처리에 있어서 맥을 같이 하고 있다.

Root에 자양분을....

근대건축에 있어서 거장들인 꼬르뷔제와 루이스 칸, 까를로 스카르파 등은 보타라는 거목이 토양에 뿌리를 내리고 성장할 수 있도록 자양분이 되어준 사람들이다. 그는 신고전주의에서 모던과 포스트 모던 건축을 연결하는 건축의 산 증인인 꼬르뷔제로부터 건축의 원리(유동적 공간, 필로티, 메스의 분절과 이로 인해 표현되는 건축요소들)를 초기에는 단순한 모방에서 시작하여 시간이 지남에 따라 이를 재해석하여 자기화 하였다.

그는 또한 스승인 루이스 칸을 베니스 국제회의장 프로젝트에서 만나게 된다. 그는 칸에게서 가장 중요한 원칙중의 하나인 "What do you want to be?"와 "어떤 것은 당신이 원해서가 아니라 사물자체가 되고 싶어 하는 디자인을 느끼기만 하면 된다."라는 의미를 배우게 된다. 보타는 이것으로 인해 건축의 문제를 인간의 근원적인 문제로 포착하여 자연 및 그 질서의 근저까지 이해하는 능력을 배우게 된다.

이와 같은 성향은 보타가 현대건축에 대해서, 그것이 현재 삶의 실재성과 연관되어 있기 때문에, 투명하고, 가식적이지 않고, 단호하고, 용기 있고, 아주 타당한 것이라고 분명히 말하고 있다. 또한 그는 어느 때보다도 심각하게 모든 것에 대해서 의문을 제기하고 삶이 바뀜에 따라 건축도 변화한다는 그런 건축적 디자인 방법론을 제시한다. 바위는 바위이고, 돌은 돌일 뿐이다. 사물은 그들 각각이 다른 사물과 관련될 때 비로소 새로운 의미를 갖는다. 즉, 감성에서 사물의 질서에 관심을 갖게 된 것이다.

마지막으로, 스카르파는 보타에게 재료의 애정어린 취급방법, 재료의 구성방법, 이질적인 재료에 의한 독특한 형태로 작용하면서 각 디테일들은 그 건축물의 질서 내에서만 의미를 갖게 하는 동시에 보편적인 재료로 창의적인 디테일을 구사하는 보타 특유의 방식으로 발전하도록 영향을 준다.

장소(Place)

건축과 장소 혹은 건축과 조망 사이에는 "소유와 부여(giving and having)"라는 상호 관련성이 존재한다.

3

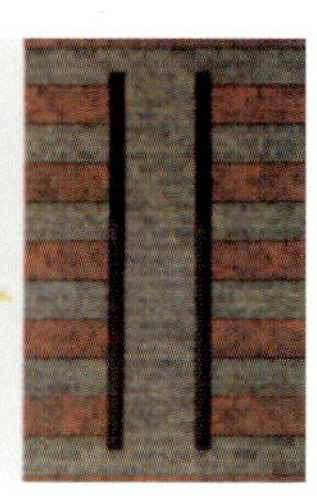

4

5

바젤의 쟝 팅겔리 뮤지엄

건축이 장소성을 필요로 하듯이, 장소 그 자체의 정확한 특성을 발견하기 위해서는 또한 건축이 요구되기 때문이다. 즉, 소유와 부여라는 상관관계로 해석할 수 있다. 마리오 보타는 건축을 어느 특정한 장소를 "소유" 즉, "점유"하는 것으로 정의한다. 여기서 점유는 지배를 의미하는 것이 아니라, 대지와 환경 그리고 그것에 연관된 기억의 재발견을 의미한다. 지역적인 건축은 이 재발견에 성공을 해왔지만, 현대인은 주변환경을 소홀이 한 결과 동질성을 상실한 것이다. 그러므로 환경적 가치는 무시되고 장소는 상실되기에 이른 것이다. 반면 보타는 장소와 환경의 문제를 아주 중요시한다. 그는 건축을 통해 현재 벌어지고 있는 과거와 자연을 파괴하는 무분별한 개발과 향수적인 보존과의 사이에서 방황하고 있는 현대인에게 장소의 의미를 전해주고 싶어한다.

그는 작업을 첫째, 주어진 물리적 실체로서의 환경의 해석이라고 생각하고, 둘째, 역사와 기억의 증거로서 환경의 해석으로 파악한다. 그러므로, 어느 대지에 건축하는 것이 아니고, 그 대지에 건축하는 것이 건축가의 임무이며, 그래야만 건물은 그 장소의 고유한 역사나 기억과 직접 결부된 새로운 지형적 형상의 일부가 된다고 생각하고 있다. 그 예로 그는 어떤 하나의 선이라도 긋기 전에 대지를 비평적으로 읽어내는 일이 건축에 있어서 최초로 행해져야 한다고 믿고 있다. 대지를 이해한다는 것은 나중에 그것을 변형시키기 위해 그것을 흡수하고 내면화시킨다는 것을 의미한다. 건축가는 새로운 건물이 지어질 장소에서 어떤 균형을 찾아내어야 하는 것이다. 대지의 특성을 변화시키기 위해 끊임없이 대지에 질문을 던져야 하는 것이다. 보타는 모든 대지가 그 자신 속에 고유한 변형의 가능성을 지니고 있다고 생각한다. 풍경은 항상 정적이지 않다. 그것은 스스로 다른 것이 되고자 하는 갈망을 품고 있다. 건축가는 이와 같은 가능성을 발견하고 그에 접근해야 할 책임이 있다고 그는 말한다. 결과적으로 보타에게 있어서 장소란 지혜을 통해 축적되어진 추상적 의미가 아니라, 그 자체의 심오한 사명에서 유래된 건축적 진실에 의해 특질화되고 결정되어져 존재하는 것으로 해석 할 수 있다.

요소(Element)로서의 벽(Wall), 개구부(Openings), 빛(Light)

마리오 보타의 건축을 볼 때 그 무엇보다도 두드러지는 것은 형태(Form)일 것이다. 장소(Place)에서 출발한 기본적인 형태의 건축은 그가 대지와 하늘, 인간존재와 자연요소 사이에 있는 원형적인 관계에 있음을 보여준다. 이러한 형태에서 유추된 요소들은 보타 자신의 작품 속에서 그 존재가치를 충분히 말하고 있다. 건축에 있어서 이 관계와 요소는 정면 화사드, 종탑, 벽, 문, 동굴, 흙, 아치, 박공 그리고 형상화된 빛으로 나타난다.

여기서 벽은 건축물의 실체이며, 내, 외부 공간을 구분해주는 것으로 건축의 기본적인 구성요소이다. 여기에 섬세한 풍토적 이미지의 창조를 위한 도구로서 벽돌은 더할 나위 없는 재료이다. 벽돌이라는 고전적이면서 전통적인 재료를 이용하여, 보타 자신은 전통적 개념을 도시적 "단정함(decorum)"으로 승화시키고 있다. 이러한 방법으로 볼 때 그의 스승인 칸이나 스카르파의 영향이 컸음을 엿볼 수 있다. 입면상의 수직, 수평적 배열이나 매스의 분절, 칸 스타일의 시적(詩的) 어휘들로 기본적인 컨셉을 구성하는 방법론과, 재료 상에서 느껴지는 일정한 격자형 패턴(스카르파는 5.5×5.5의 패턴을 사용), 이질적 재료의 사용과 구성방법 등을 그의 스승들에게서 영향을 받고 있다.

개구부는 보타에 있어서 구조체와 경관과의 관계를 맺는 기본 볼륨을 통해 존재하지만 그 자신이 휴먼 스케

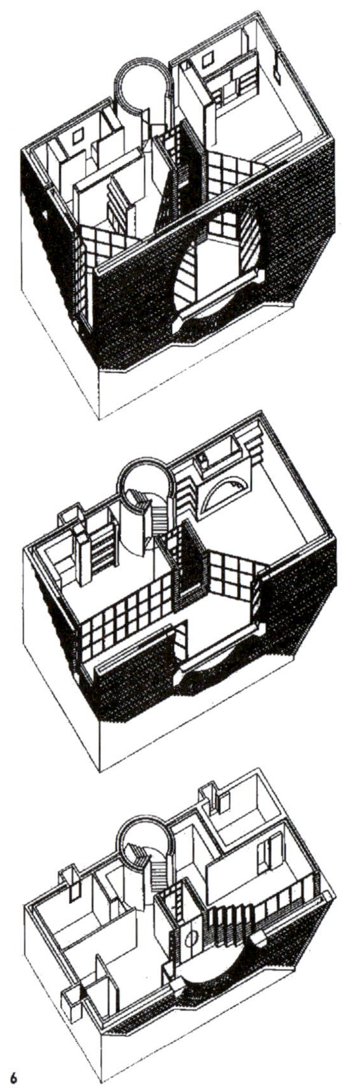

6

7

6 로비아니 주택 / 액소노메트릭 드로잉
7 로비아니 주택 / 입구는 남동쪽 코너부에 있다.
8 비가넬로 주택
9 비가넬로 주택 / 외벽 디테일
10 로비아니 주택 / 남쪽 외벽 디테일
11 카사 로툰다 / 남쪽 입면
12 카사 로툰다 / 남동쪽 뷰
13 카사 로툰다 / 정면 디테일

일의 강조를 위해 내세운 볼륨의 절삭, 실제 질감을 느끼게 하는 벽체의 촉각적 느낌, 표면처리 등을 통해 존재하기도 한다. 또한, 그는 창문에 의해 구멍이 뚫린 전통적인 표면처리로 자신의 디자인을 한정하여 내, 외부공간 사이의 문제점에 대한 처리를 피하였다. 그러나 동시에 개구부의 선호로 솔리드의 소멸을 선호하는 현대적 건축사상에 상반됨을 보여주고 있다.

빛이란 존재는, 건물에 있어 가장 중요하게 숨겨진 부분을 활성화시키고 빛나게 해주는 요소로 간주되고 있다. 보타의 건축에서 외피는 구멍 뚫린 건축요소나 표면에서의 빛의 효과에 의해 형상화되어진다. 그래서 많은 내부 볼륨은 빛의 존재에 의해 한정되고 생명력이 주어진다. 보타의 빛 이용방법상의 핵심을 정리하면 다음과 같다.

머리위의 빛은 중앙에 위치한 조명원을 이용한 다양한 계획안은 내부공간 구조에서 나타나고 있다. 교회당의 중앙 회중석처럼 서비스 요소로 구성되어 분절된 내부공간에는 풍부한 상층부 광선의 유입을 이끌어 내고 있다.

단면에서 디자인과 하늘의 관계를 고려해 볼 때, 천창을 통해 내려오는 천정 빛은 빌딩의 완전한 높이가 강조되는 순간을 창조하면서 아래층으로 넘쳐나간다. 공공 공간(아트리움, 복도, 상호매개 공간 등)은 개구부에 의해 특징지워지기 보다는 광원 쪽의 신장에 의한 측면창에 의해 특징지워진다.

지붕을 보면 천장은 더 이상 부분적 덮개로서가 아니라, 어느 특정공간의 질을 결정할 수 있는 요소자체를 변형시키고자 하는 의도가 내포되어 있다.

이와 같은 마리오 보타의 건축적 요소들은 독립된 요소로, 때로는 요소와 요소들간의 상호 조합된 형태로서 원숙미가 한층 높은 작품으로 표현되고 있다.

8

9

11

10

12

13

Jean Tinguely Museum

Grenzacherstrasse 210a, Basel, 1996, Mario Botta

작품설명

| 디자인 컨셉 |

고전 기계와 음

마리오 보타의 틴겔리 뮤지엄은 도시에서 건물이 차지하는 특별한 위치 때문에 어떻게 이 건물이 도시의 건축적 발전에 기여했는지, 그리고 그것이 어떻게 도시의 색다른 4가지의 조망과 대응하는지를 분명히 보여준다. 이 건물은 스위스 바젤 근교의 플레겐도르프에 위치하며, 아름다운 전원풍 공원과 라인강이 도시의 경계를 규정하고 있는 가운데, 박물관 건물은 공원의 오른쪽 단부에 위치한다. 건물은 공원의 동측 전역을 차지하며 라인강을 면하는 입면을 제외하고는 거의 박스형으로, 각각 다르게 처리된 4면의 화사드는 주변 환경과 각각 개별적 공간관계를 이루고 있다.

마리오 보타의 초기 스케치들을 살펴보면, 그가 인근의 라인강과 솔리튜드 공원(Solitude Park) 사이의 특수한 관계에 얼마나 집중하고 있는지를 확인할 수 있다. 또한 초기 스케치들을 통해, 그가 라인강을 향한 입면에 대해서도 세심한 주의를 기울이고 있다는 사실도 확인 할 수 있다. 이러한 사실은 전체 배치계획에서 잘 나타나고 있으며, 전체적인 통일성을 보이는 입방체와 각각의 특성을 보이고 있는 각각의 입면을 통해 확인 할 수 있다.

또 하나, 이 미술관에서 느낄 수 있는 특징은 전시된 미술품에 있다. 소장가인 장 틴겔리(Jean Tinguely)의 작품은 정지해 있는 미술품이라기 보다는 움직이는 미술품이라 해야 정확한데, 스스로 움직임으로서 파생되는 음(音)에 의해 관람자들과 교감하는 것을 특징으로 하고 있다. 입구 부근에 형성된 움직이는 분수는 그 대표적인 사례로, 물의 수압으로 인해 정교하게 표현되는 기계의 동력원이 물의 수압임으로 해서 물소리와 기계 소리가 자아내는 역동적인 음(音)에 의해 미술품이라기 보다는 살아있는 기계를 보는 듯하며, 물에 산란되는 빛에 의해 그 효과가 점증된다.

| 프로그램 |

이 박물관은 도시의 조직 또는 형태적 맥락에서 볼 때, 도시의 특성을 충분히 반영하고 있다는 점이 특징이다. 배치도를 통해 확인할 수 있듯이 건물의 주요 매스는 단순한 입방체이며, 이는 주변 건축 조직의 형태적 특성을 반영하고 있는 것이다. 박물관의 주요 전시실은 5개의 구역으로 이루어져 있으며, 이는 주변의 도시적 맥락 하에 있는 건축물이 갖는 유사한 규모의 규칙성과 반복성을 표현하기 위한 것으로 해석될 수 있다. 건물의 전체적인 기능은 박물관 및 전시관의 용도로 사용되는 부분과 행정구역 및 서비스 구역으로 나누어진다. 서쪽의 개방된 공원 측으로 주요 전시실을 배치하였으며, 동쪽의 자동차

소음으로부터 단절된 곳에 입구를 두었다. 라인 강 측으로는 강의 수려한 경관을 바라보는 독특한 전시용 발코니를 배치하였는데, 전체 건물 중에서 가장 아름다운 입면으로 계획되었다. 남측의 전시 홀은 전체의 경직되어 보이는 듯한 인상을 보완하며, 공간적으로도 풍요로운 시각을 제안하는 핵으로 작용한다. 자동차 도로에 면하는 동쪽의 화사드에는 전시 홀이 3층에 걸쳐 설치되며, 이 벽면은 공원으로의 소음을 막아주는 소음 차폐막의 역할을 한다. 반대쪽 서측 공원으로 개방된 화사드는 분절된 5개의 부분과 지붕 가구가 보이는 기능과 형태의 통일성이 두드러져 보인다.

| 동선순환체계 |

건물의 진입은 동측의 고가도로와 북측의 전면도로가 만나는 지점에서 이루어지며 도로측의 소음으로 인해 차음을 목적으로 한 독립벽이 진입공간의 특수성을 표현하고 있다. 박물관의 정문은 서측 공원쪽에 형성되어 있으며 이 곳을 통해 내부 전시공간으로 진입한다. 전체적인 동선의 흐름은 서측의 오른쪽 단부에 계획된 반원형의 계단으로 이루어지며 이를 통해 각각 지하, 1층, 2, 3층으로 진입된다. 북측의

계단은 서비스용으로, 교차로에 접하는 도로로부터 원활하고 신속한 서비스를 의도하여 계획되었다. 단면을 보면, 관람을 위한 주요 동선이 서측과 동측으로 2분할되어 있으며, 중앙의 보이드 공간을 사이에 두고 적절한 동선의 흐름을 분산시키고 있다. 내부의 전시공간은 4개 층에 걸쳐 전개된 4개의 서로 다른 디자인으로 이루어진 영역으로 구성되며, 거대하고 모뉴멘탈 한 조각으로 마무리된다.

| 구조 시스템 |

공원 쪽으로 개방된 서측 입면에는 워렌 트러스를 사용한 더블 원통 쉘이 지붕을 구성하고 있는데, 이는 이 건물의 건축적 특징 중 하나이다. 이러한 구조시스템은 일찍이 마리오 보타의 작품에서 자주 등장하는 시스템으로, 스위스 루가노의 〈첸트로 5 오피스 빌딩 및 집합주택〉, 〈타로 주택〉, 〈스위스 연방 700주년 기념 순회 파빌리온〉 등에서 사용되었으며, 콘크리트와 벽돌조의 이중구조시스템 및 지붕을 구성해야 하는 곳에서 자주 채택되었다. 워렌 트러스 구조는 내부에서도 느낄 수 있는데, 보타의 스케치를 보면 지붕의 구조와 피쉬-벨리 빔(fish-belly beam)에 대한 연구과정을 발견할 수 있다. 내부에서는 전시실의 보울트형 천정과 그에 적합한 판넬링의 시도 역시 찾아 볼 수 있다. 이러한 구조체는 미

술관이나 박물관에서 주로 사용되는 대형 무주공간을 구조적으로 지지하기 위한 건축가의 적극적인 고려로 볼 수 있다. 서측을 바라보는 내부 전시실은 60×30m의 대공간으로 계획되었다.

또 하나, 북측에 형성된 입구 부분은 동측에서와 같이, 가로에 면하고 있기 때문에 건물 본체로부터 떨어져 독립벽을 두었으며, 차음(遮音)과 동시에 대지와 건물의 경계를 규정하는 의미에서 채택되었다. 라인강에 면하는 남측은 긴 유리 곡면 벽의 돌출 테라스가 전시 홀로 사용되고 있으며, 이 독립된 매스는 커다란 스틸제의 가제트 플레이트로 지지되고 있다. 이 부분은 풍광 좋은 라인강의 경치를 즐기기 위한 것으로 구조체는 건축적으로 혁신적인 박력감을 보여주고 있다.

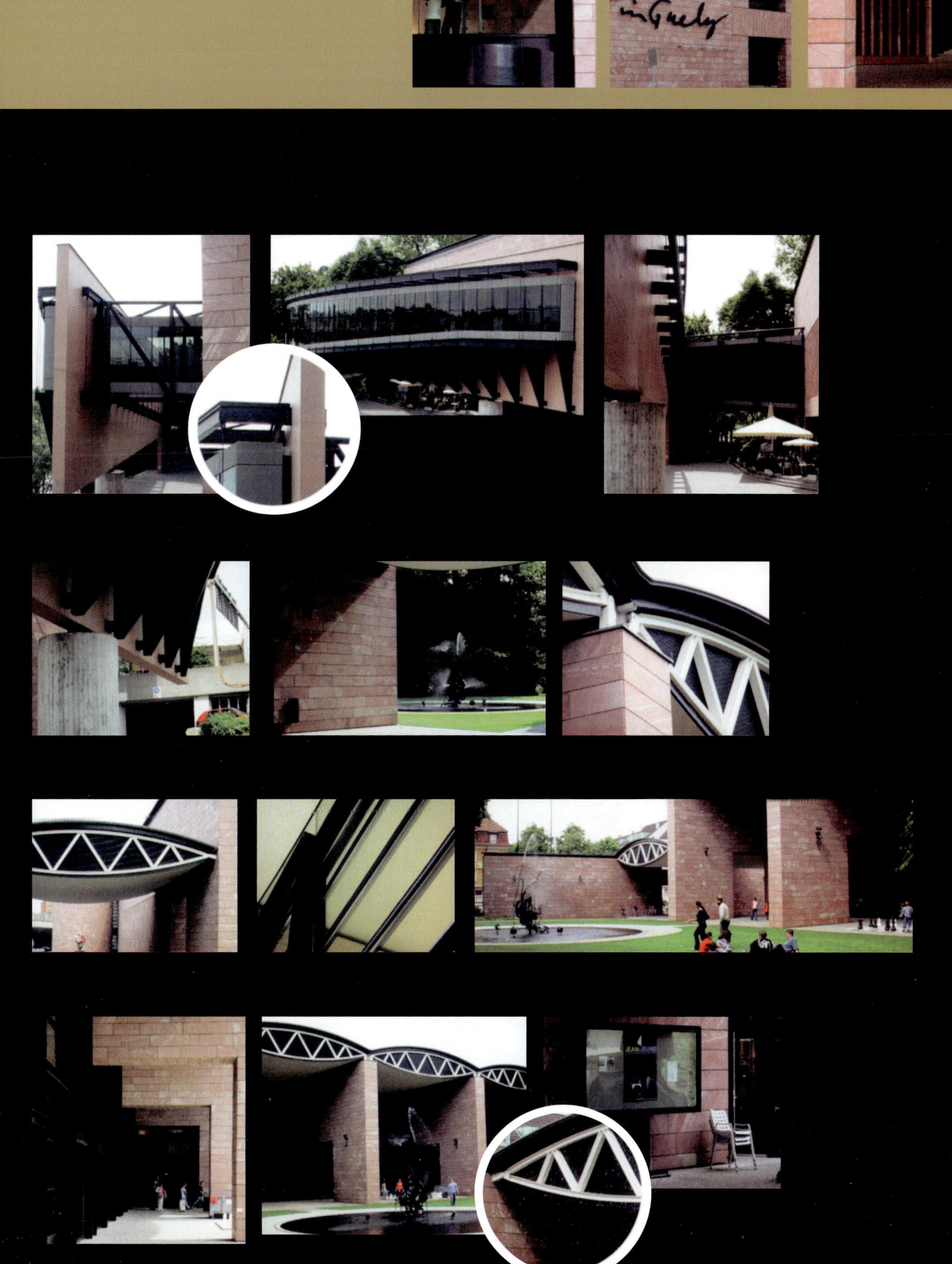

EuroAirport
Bad. Bahnhof
Zentrum Nord

로테르담 자연사 박물관
Natural History Museum In Rotterdam

이 건물은 네덜란드 암스테르담 시내의 뮤지엄 파크 내에 위치하고 있다. 주변에는 네덜란드 건축가협회 건물과 렘 쿨하스의 쿤스트할이 위치하고 있고, 특히 쿤스트할과는 서로 인접하고 있다. 건물 전체가 신축건물이 아니라 19세기 건물의 내부를 수리하고 그 옆에 연결건물을 증축하였다. 본래의 19세기 건물은 연구실과 자료실, 전시실로 쓰이고 있으며 새로 신축한 건물은 전시실의 주 출입구로 활용되면서 주요 전시실들을 구성하고 있다. 이 건물을 처음 접하면 누구나 자연사 박물관이라는 느낌을 받을 수 있는 디자인을 하고 있다. 전시 홀을 외부와 공유할 수 있도록 공원에서 제일 인지하기 쉬운 매스의 전면부에 위치시키고 투명하게 처리하여 내부의 고래 뼈 전시물을 쉽게 알아볼 수 있도록 하였다. 에릭 반 에게라트 (Erick van Egeraat)는 이 건물을 기존 건물 및 자연과 조화시키려고 노력하였다. 건물은 직육면체 형태이며, 재료를 통해 볼륨감을 표현하고 있다. 직육면체의 형태는 간결하면서도 기존 건물의 고전적 형태와 서로 대치되지 않으면서 조화를 이루고 있으며, 서로 연결되는 곳은 투명하게 처리하여 서로 이질적이지 않도록 하고 있다. 공원 쪽 및 홀의 입면, 지면과 맞닿는 입면, 그리고 지붕 슬라브와 맞닿는 입면 부분을 유리로 표현해서 가볍게 처리하였고, 나머지 입면은 벽돌로 마감하여 안정감과 기존 벽돌건물과 서로 조화를 이루고 있다. 내부 벽면은 노출 콘크리트로 구성되어 있고, 이것은 투명한 홀을 통해 인지됨으로서 밖에서 느껴지는 가벼움을 안에서는 채워진 느낌으로 전해진다.

Erick van Egeraat의 건축사고방식
: 매혹과 위안의 건축 Architecture of Temptation and Solace

1960년대 후반부터 70년대에 걸쳐, 모더니즘 건축의 부흥을 위한 시도는 보기 좋게 실패로 끝났다. 그 후, 건축에 유리를 부활시키려는 다양한 시도가 여전히 계속되고 있다. 미스 반 데어 로에에 의한 수 많은 훌륭한 전례를 추종하는 움직임은, 결과적으로는 모두 그의 미니멀적인 언표를 안이하게 흉내내는 것에 지나지 않았다. 비록 1950~60년대의 미스에 의한 유리 건축의 기술적 혁신에도 불구하고, 규격화와 공장 조립화를 향해 약진하고 있던 전후의 건축 산업에는 변화가 없었다. 누구나 이러한 병리적 상처(trauma)에 영향을 받고 있었음에 틀림없다. 기호에 있어 매우 세련된 프리페브 유리 화사드가 만들질 무렵, 몇 번이나 기술 혁신을 거쳤음에도 불구하고 이렇게 해서 만들어지는 건축은 실로 불쾌감을 느끼게 하는 듯한 우울하고 낡은 것으로 존재했다. 더욱이, 새로운 건축에 대한 이러한 환상은 건축을 예술의 한 형태로부터 엔지니어의 전문 분야로 그 성질을 바꾸어 버렸다. 이렇게 해서 건축은 아주 간단히 상품이나 투기의 대상으로 전락했던 것이다.

분명, 일반적으로 언급되는 케이스 스터디 하우스의 예도 있었다. 미국의 건축가를 열거해 보면, 찰즈 앤드 레이 임즈(Charles & Ray Eames), 클레이그 엘 우드(Craig Elwood), 피에르 코니그(Pierre Koening)등이 있다. 이러한 주택을 지은 것은 그들이었다. 그러나, 이 시기에 지어진 유리 건축의 주류라고 하면, 북미의 자기 주장이 강한 건물로부터 오렌지색의 반사 유리로 덮인 전체주의적 사회의 고층건축에 이르기까지의 영역을 넘지 않는다. 이러한 건축으로부터는, 전 세기말에 아방가르드 건축으로부터 체험되었을 정도의 센세이

션은 전혀 느껴지지 않는다. 장난으로 "엄마 봐, 이봐요 손이 없어"라고 말하는 듯한, 모더니즘의 미니멀리즘에 있어서 순결함과 순진함을 지니고 유희했던 일도 있었다. 하지만, 그것을 제외하면 유리가 대량생산되고 난 후, 건축계에 있었던 대체적인 풍조는 유리 건축에 있어서는 첨단적이고 자극적인 실험이 행해져 왔다.

특히 금세기 초두의 판유리의 발명은 큰 계기가 되었다. 거기서 눈을 끄는 것은 이러한 모든 실험이, 단순히 유리의 투명성을 숭상하는 대신, 결과적으로는 건축의 새로운 피막으로서 유리를 이용하는 것에 머물러버렸다는 점이다. 두 번째, 세 번째의 예로서 런던에 있는 팩스톤의 〈수정궁〉, 빈의 호프만과 와그너, 프랭크 로이드 라이트에 의한 미국의 〈존슨 왁스 본사〉 빌딩을 예로 들어 보자. 이들 건물은 모두 소재로서의 유리라든가, 유리의 특성에 대한 호기심으로부터 태어난 건물들이다. 따라서, 유리는 냉각되어 웅고한 액체라고 생각되고 있었던 것이 된다. 유리는 물이나 돌, 그리고 어떤 것이라도 될 수 있었던 것이다.

그야말로, 유리의 단순한 투명성은 공간을 다시 정의한다고 생각되었다. 그러나, 그 이상의 성질 때문에, 유리는 건축의 복합계(complex system)에 새로운 지평을 개척하였으며, 건축적인 영향도 증폭시켰다. 말할 필요도 없이, 팔라디오가 공간에 대해 정의한 이래, 건축가들은 끊임없이 공간을 재 정의하는 일에 집중해왔다. 그리고, 모더니즘에서는 같은 이유에서, 내력벽 외관이 가져오는 해악으로부터 진실로 해방된다고 하여 누구나 기둥이나 필로티를 숭상해왔다. 따라서, 완전하게 투명한 판유리가 제조된 끝에 궁극의 자재성(自在性)과 연속성(連續性)을 지닌 공간을 기대할 수 있을 것 같은 가능성이 무한하게 확산되었다. 지금까지 몇 세기에 걸쳐 완만한 진보를 이루어 온 건축계는, 그 순간에 새로운 단계를 맞이했던 것이다.

현재 더욱 유리의 가능성이 존속하는 것은 분명해져 가고 있다. 이와 같이, 유리는 금세기의 건축가에게 많은 공헌을 해온 것이 확실하다. 현재의, 전위적인 디자인은 대체로 환원주의에 중점을 두고 있다. 거기서 보여지는 것은 오로지 있는 그대로의 모습, 분산되지 않는 아름다움, 만드는 사람의 주관에 의한 느낌 좋음 바로 그것이다. 그러나, 환원주의 안에 궁극의 문화적인 생활 기준을 찾아냈던 것이 과연 정말로 우리의 시대에서 성취했던 최대의 공적일까? 우리는 완전한 조정 그리고 평온이라는 아이디어에 사로잡혀 온 것은 아닐까? 삶은 배제에 관한 것이 아니다. 실제, 그러한 배제의 논리를 정당화하면, 건축 그 자체의 본분이 소홀히 된다.

건축은 절대적인 것 또는 배타적인 것이라기 보다는 포괄적인 것이다. 그것은, 단순하게 판단된 확실성보다는 가능성이 얼마나 커지고 있는가를 생각할 수 있는 것이다. 건축은, 그것에 냉엄할 정도의 엄격함과 감각

5

6

7

로테르담 자연사 박물관

적인 팽창의 만곡이 혼재하고 있다고 해도, 그 자체가 불가해한 것은 아니다. 또한, 건축은 신비적인 예술 작품이 되어서도 안 된다. 그 때문에, 다른 건축 코드를 병행시키는 것이 가능하다라고 강조해 두고 싶다. 형태나 소재에 부여할 수 있는 의미는 그것들이 놓여지는 장소의 문맥에 따라 정해진다. 형태나 소재에는 그 자체의 고유의 의미 같은 것은 하나도 없기 때문이다.

오늘날 얼마나 많은 건물이 유리로 표현될 수 있는가에 주목 해 주었으면 한다. 유리라는 소재에는 교묘한 조작의 수법이 무수히 많다고 생각된다. 완전하게 투명하다라든가, 실재하지 않는 벽이 되거나 눈에 보이지 않는 레인코트와 같은 성질이 유리에 있기 때문은 아니다. 그 근거는 유리가 지니고 있는 능력에 있다. 즉, 투명하지만 그림자를 만들 수 있고 튼튼함과 약함을 나타내며 반영, 반사, 투과를 동시에 작용시키는 능력을 말하는 것이다. 이와 같이, 외관상의 유한성이 있기 때문에 유리는 건축의 레퍼터리가 된다. 그렇게 되면, 필로티를 운운하던 근대주의적 교의를 되돌아보는 일도 없어진다.

실제로 이 교의는, 기둥이 그리드상에 나란히 고정되어 있는 평면을 구조적인 결점으로 삼고, 자유로서 상정되고 있던 화사드를 필로티로 바꾸어 놓은 것에 있다. 유리는 지지 부재가 될 수도 있고 단순한 피막으로서

9

8 프랭크 로이드 라이트, 존슨 왁스 본사
9 벅민스터 풀러, 몬트리올 만국 박람회 미국관
10 프라이 오토 & 롤프 구트브로드, 몬트리올 만국 박람회 서독관
11 I. M. 페이, 루브르궁의 피라미드
12 쿱 힘멜브라우, 비엔나 옥상 개축

기능할 수도 있으나, 물론 구조와 피막에 끼워있는 모든 영역을 통해 활약한다. 문자 그대로의 해석 또는 은유적인 의미에 있어서 유리는 어떻게 사용될 것인가 말할 수 있다. 거기에서, 유리로 만들어진 것 중 외관을 예로 들어 보자. 유리는 프리 서스펜션의 막을 비롯해 내력 벽에 이르기까지 온갖 것이 될 수 있다. 유리는, 구조가 완결되어 있지 않은 건축마저도 성립시켜 버린다. 유리는 쇼 윈도우일까. 그렇지 않으면 인용부호일까. 혹은 소재의 특색을 감각적으로 받아들이지 않는 것일까. 이것들에 대한 답은, 어느 쪽이나 모두 올바르다. 아니, 전부 올바르다고 해 두자.

매혹적이면서도 침착한 건축을 만들어 내기 위해서 유리는 기꺼이 사용되며, 그 때에는 몇 개의 층에도 중첩되어 사용될 수 있다. 유리라는 소재에 의해, 우리는 침착하고 시적인 기능주의로부터 모던 바로크가 만들어 내는 세계에 이르기까지 손쉽게 손에 넣을 수가 있다. 유리의 외관은 맑은 청결함이 있으며 헛됨이 없고 실로 효과적이고 기능적인 것이다. 그것은 확실히 위안을 가져오는 건축이다. 즉, 그곳에서는 종래의 대칭성이나 질서는 경원시되고 있지만, 대신에 비대칭성과 불협화음이 나타나 건축에 관여하기 쉬운 부정적인 이유가 사라진다. 이러한 건축에는, 미지의 것이나 정의할 수 없는 어떤 것을 만날 때마다 언제나 느낄 수 있는 흥분을 경험하게 된다.

예를 들어, 명확히 어쩔 도리 없는 모순에 직면했다고 하자. 최종적으로 이것으로 향할 때에 필요한 것은 어느 정도의 면밀한 전략이다. 그리고 이 전략이 뒷받침하고 있는 것이 여기서 말하는 "건축"이다. 오히려, 오늘날 이 시대에 무엇인가 획득한다고 하면, 현대 건축은 적어도 매혹과 위안이라는 가치, 양쪽 모두를 제공할 수 있도록 노력할 수밖에 없는 것이다.

10

11

12

Natural History Museum In Rotterdam

Westzeedijk 345, Rotterdam, 1996, Erick van Egeraat

작품설명

| 디자인 컨셉 |

새로운 뮤지엄 파크에 오래도록 빠져있던 시설이 〈로테르담 자연사 박물관〉이었다. 1851년에 세워진 옆의 빌라는 현재 역사적 기념물이 되었으며, 철저한 개,보수가 필요했다. 여기에서는 설계 상, 이 빌라를 전시 목적으로 사용하고 여기에 새로운 유리 파빌리온을 증설하는 것이 원래 의도였다. 이 유리 파빌리온에는 넓은 전시홀과 도서관 그리고 사무실이 수용되어 있다. 전시순로(展示順路)의 계획은 관람자가 같은 통로를 두 번 지나지 않도록 구성하는 것이었다. 증축부분으로부터 유리로 된 연결 브리지가 2개소 설치되어 있으며 빌라에 연결되어 있다. 유리 브리지는 빌라와 대비를 이루도록 디자인되어 있다. 이 브리지에는 3중의 막이라는 개념이 반영되어 있다고 볼 수 있다.

Erick van Egeraat는 이 건물을 기존 건물 및 자연과 조화시키기 위한 흔적을 보여준다. 건물의 형태는 직육면체를 취하고 있고, 재료를 통해 볼륨감을 표현하고 있다. 직육면체의 형태는 간결하면서도 기존 건물

| 프로그램 |

이 건물은 네덜란드 암스테르담 시내의 뮤지엄 파크 내에 위치하고 있다. 주변에는 네덜란드 건축가협회 건물과 렘쿨하스의 쿤스트할이 있고, 특히 쿤스트할과는 서로 인접하고 있다. 건물 전체가 신축건물이 아니라 19세기 건물의 내부를 수리하고 그 옆에 연결건물을 증축하여 건축되었다. 본래의 19세기 건물은 연구실과 자료실, 전시실로 쓰이고 있으며 신축한 건물은 전시실의 주 출입구로 활용되면서 주요 전시실들을 구성하고 있다. 유리 화사드가 철제 구조부재의 안쪽을 돌아가고 있는데, 이 화사드는 그리드 부분에 대해 베일 또는 막구조와 같은 역할을 하고 있다. 콘크리트로 둘러싸인 부분에는 새로운 전시공간이 집중되어 있다. 이 상자형 전시실에는 바닥으로부터 높이 1.5m의 거대한 슬리트가 설치되어 있으며 슬리트로부터 들어오는 자연광으로 인해, 실내는 빛으로 가득차게 된다. 또한, 이 유리 개구부의 설치

의 고전적 형태와 서로 대치되지 않으면서 조화를 이루고 있으며, 서로 연결되는 곳은 투명하게 처리하여 서로 이질적이지 않도록 하고 있다. 공원쪽 및 홀의 입면, 지면과 맞닿는 입면, 그리고 지붕 슬라브와 맞닿는 입면 부분을 유리로 표현해서 가볍게 처리하였고, 나머지 입면은 벽돌로 마감하여 안정감과 기존 벽돌건물과 서로 조화를 이루고 있다. 내부 벽면은 노출 콘크리트로 구성되어 있고, 이것이 투명한 홀을 통해 인지됨으로써 밖에서는 가벼운 느낌으로, 안에서는 채워진 느낌으로 전해진다. 건물을 처음 접하면 누구나 자연사 박물관이라는 느낌을 받을 수 있는 디자인을 하고 있다. 전시홀을 외부와 공유할 수 있도록 공원에서 제일 인지하기 쉬운 매스의 전면부에 위치시키고 투명하게 처리하여 내부의 고래뼈 전시물을 쉽게 알아볼 수 있도록 하였다.

로 실내로 공원의 녹지가 시각적으로 들어오게 되어 있으나 전시를 관람하는데 아무런 방해도 받지 않고 외부의 녹지와 전시공간이 상호작용하도록 처리되어 있다. 동측 화사드를 덮고 있는 유리 막은 콘크리트 벽에 닿을 만큼 접근해 있다. 북측의 화사드에서는 이 벽이 뒤로 후퇴되어 있으며 그곳에 커다란 유리로 된 입구 홀이 형성되어 있다. 유리 홀은 마치 쇼케이스와 같이 천정으로부터 매달려 있는 거대한 고래의 골격을 전시하고 있다. 이 전시물은 이 박물관에 있어 매우 중요한 것이다. 빌라와 증축부분을 연결하기 위해 빌라 화사드 면은 해체되어 유리벽이 현관 옆으로 만들어져 있다. 이 유리벽으로 둘러싸인 부분은 증축부분의 정면에 연결된 투명한 브리지가 된다. 이렇게 새로운 로테르담 자연사박물관은 그 침착함과 직선적인 기하학에 의해 인근의 쿤스트할과 어깨를 비길 정도가 되고 있다. 그 뿐만 아니라, 새로움과 오래됨이 융합된 빌라의 존재감이 오히려 그것들에 의해 강조되고 있다.

| 동선순환체계 |

뮤지엄 파크를 관통하는 주 동선은 네덜란드 건축
가협회건물에서 쿤스트할까지 가로지고 있는데,
이 건물은 그 축 방향으로 다리를 가로지르면서
오른쪽에 위치하고 있다. 전면에 보이는 쿤스트할
에 의해 그 인지성이 떨어지지만 자연과 어우러지
는 투명한 매스에 의해 이를 보완하고 있다.
건물의 주입구는 신축건물이 아닌 19세기 건물을

| 구조 시스템 |

건물의 전체 구조는 노출콘크리트 구조로 되어 있
고, 내부에 기둥 없이 개방된 공간을 구성하고 있
다. 전체 규모나 실구성은 기존 건물의 규모에 맞

| 주요 디테일 |

– **리셉션 홀**: 기존 건물과 새 건물이 서로 하나로
  이어지져 하나의 단일 공간으로 구성되어 있다.
– **입구전시홀**: 건물전체의 이미지를 반영하는 투
  명한 유리로 둘러쌓여 있다.
– **2층 발코니**: 입구전시홀에 서있는 노출콘크리트
  의 밋밋한 입면에 조형적 요소로 작용하고 천장
  에 매달려 있는 고래뼈를 보다 가까이서 볼 수

통해 진입하게 된다. 방문객은 주입구에서 오른쪽
방향으로 전시실에 진입하게 된다. 투명한 복도를
통해 신축된 새 전시실로 들어서면 외부에서 인지
했던 전시홀에 들어서게 되고, 다시 외부에서 볼
때는 노출콘크리트에 의해 가려져 있는 내부전시
실로 들어가게 된다. 기존건물과 신축건물은 1층
에서는 홀을 통해 이어지고, 2층에서는 브릿지에
의해 서로 연결된다.

추어 구성되어있다. 입구의 진입홀은 S.P.G 유리
구조로 투명함을 보이고 있고, 이것과 이어진 전
면 입면은 유리 커튼월로 마감되어 있으며, 기존
건물과 마주보는 면은 벽돌로 마감되어 있다. 그
리고 내부 벽체는 노출콘크리트를 그대로 사용해
서 구조적 형태를 드러내고 있다.

있도록 한다.
– **연결 브릿지**: 기존 건물과 새건물을 연결하는
  역할을 하고 투명하게 처리하여 서로 다른 이미
  지의 두 건물을 엮어주고 있다.

그로닝겐 유리 파빌리온

Glass Video Pavilion in Groningen

Bernard Tschumi의 건축사고방식

단절: 떼어내는 행위, 또는 떼어내어진 상태. 분리, 비연결, 잘라낸 제안(提案)의 조건의 관련

웹스터 사전

베르나르 츄미(Bernard Tschumi)

공간의 정치학

위의 문장을 관통하고 있는 것은, 집요한 단언이다. 즉, 프로그램이나 행동 또는 이벤트 없이 건축은 있을 수 없다는 것이다. 전체적으로 이러한 문장이 되풀이하여 말하는 것은, 건축은 결코 자율적이지 않고, 순수한 형태로서도 존재하지 않으며, 그리고 이와 유사하게 건축은 스타일의 문제가 아니고, 언어로 환원되는 일도 가능하지 않다는 것이다. 건축 형태라는 과대 평가된 개념에 대항하여, 위의 문장은 "기능"이라는 말을 재 도입하려고 한다. 그리고 좀 더 엄밀하게 말하면, 공간 내에서의 육체의 움직임을 복권시킴과 동시에 건축이라고 하는 사회, 정치적 영역에서 거행되는 행동이나 이벤트를 복권시키려고 한다.

하지만 위의 문장은, 형태가 기능이나 이용 그리고 사회경제 조건에 따른다고 하는 단순한 관계를 거부한다. 반대로, 현대의 도시 사회에 있어서는, 형태나 이용 방법 그리고 기능이나 사회경제 조건 사이의 어떠한 인과 관계도 성립하지 않으며 시대착오적이라는 것이 위의 문장이 주장하는 바이다. 1975년부터 1991년에 걸쳐 쓰여진 이러한 문장은, 20세기말에 있어서 우리의 건축 조건의 기술(記術)을 이루는 책의 문장으로서 쓰여지기 시작했던 것이다. 말하자면 르 꼬르뷔제의 「건축을 향하여」나 로버트 벤츄리의 「건축의 다양성과 대립성」과 같은 것이다. 각각의 책의 공통되는 출발점은, 이용, 형태, 사회 가치 사이에 있어서의 절단이다. 그러나, 이러한 절단 상태는 경멸해야할 것이 아니라, 오히려 매우 "건축적"이라고 해야 한다. 건축은 공간과 활동의 쾌락적인, 가끔은 폭력적인 대립으로서 정의되고 있다. "공간"이라는 테마를 갖고, 건축 공간에 관한 과거의 이론을 분석해 보면, 공간에 대한 엄밀한 정의는 항상 상반되는 용어나 모순되는 용어를 포함해 버리는 것을 볼 수 있다. 이러한 상반성은 건축의 체험이 그 개념적인 측면과 교차함에 따라, 건축의 기쁨이라는 개념을

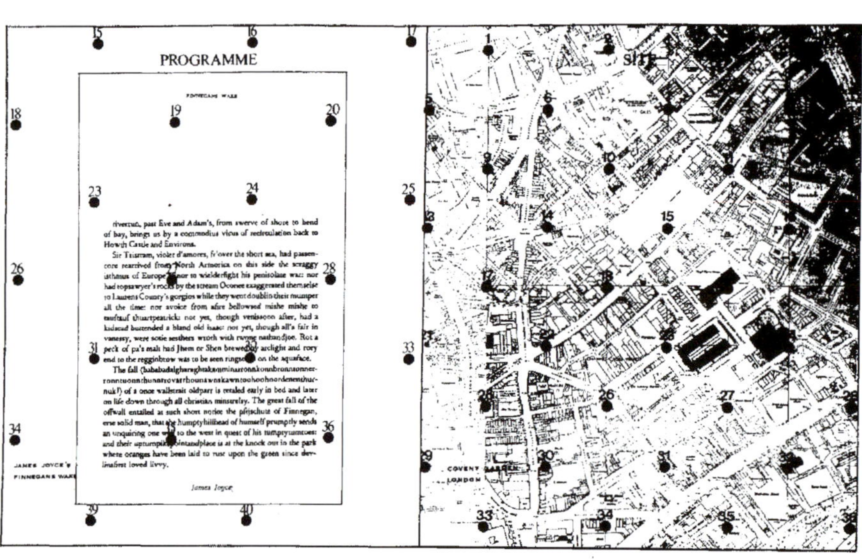

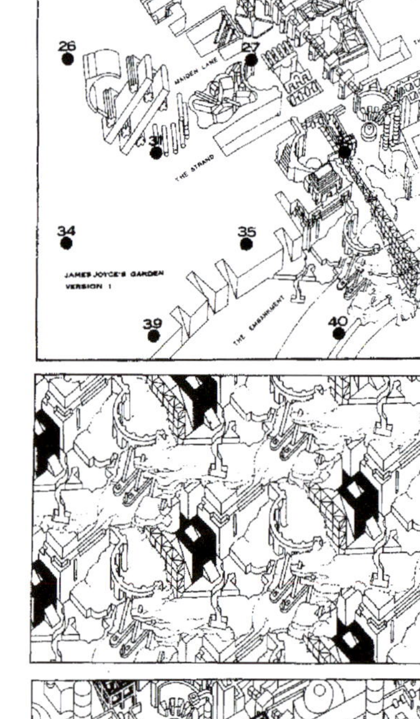

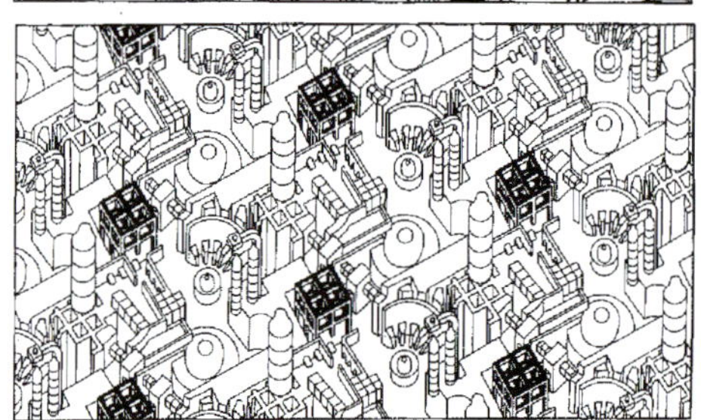

"

도입하게 한다.

반면, "프로그램"은 미와 견고함, 그리고 효용이라는 고전적인 세 가지 교의를 다시 물으며, 효용(유용성)의 프로그램적인 면은 이벤트의 개념으로 확장되어야 한다. "건축의 폭력"은 공간과 그 내부에서 생기는 이벤트와의 사이에 존재하는 풍부하고 복잡한 관계에 대해 열쇠가 되는 고찰을 제공한다. "단절"은, "프로그램"에서 시사된 내용을 발전시킨다. 여기서의 개념을 실제의 건축 형태로 확장하기 위한 건축적 실천의 발단과 결합된 이러한 문장은, 새로운 다이나믹한 건축의 착상을 제안하려고 시도한다.

이러한 연구의 방향성은 하룻밤에 태어난 것은 아니었다. 1968년경, 같은 세대에 속하는 신진 건축가들 중 상당수와 함께, 나는 사회를 변혁하는 건축(즉, 정치적, 사회적인 영향력을 갖는 건축. 프랑스의 '68학생운동을 말함-필자)의 필요성에 대해 생각하고 있었다. 그러나, 1968년의 사건은 실제적인 면에 있어서나 어려운 비판적인 분석에 있어서, 이러한 규범의 어려움을 나타내는 결과가 되었다.

마르크스주의적 평론가로부터 앙리 르페브르 그리고 상황주의자들에 이르기까지, 분석의 모드는 크게 바뀌었지만, 모두 사회 정치적 구조를 바꾸는 건축의 힘에 대해서는 회의적인 견해를 취하고 있었다. 역사 분석이 통상 지지하고 있던 견해는, 건축가의 역할이란 사회 기구의 이미지를 도면에 투영하여 사회의 경제, 정치적 구조를 건물이나 건물군(群)으로 번역하는 것이라는 것이었다. 따라서 건축이란 무엇보다도 공간을 기존의 사회경제 구조에 적응시키는 것이었다. 그것은 현존하는 권력에 봉사하고, 그리고 좀 더 사회 지향의 정책의 경우에서도, 그 프로그램은 기존의 정치적 골격을 반영한다. 이러한 결론은 당연히 자신의 디자인으로 세상을 바꾸기를 바라는 젊은 건축가들에게 있어 기분 좋은 것 일리는 없었다. 그들의 상당수는 일상성으로 되돌아와, 종래 대로의 건축 설계 업무에 종사했다. 그러나 소수는 우리의 도시나 건축을 만들어 낸 메카니즘의 성질을 계속 이해하려고 함으로써, 현대건축에 있어 다른 단면은 없는 것인지, 건축적 변화를 채택하는 다른 방식은 없는 지를 계속 찾기 시작했다. 대도시에서는 예상도 할 수 없던 사회적, 문화적 주장(그리고 때에 따라서는 미시 경제시스템)을 만들어 내는 능력에 매료되어, 나는 연구를 시작했다. 이와 같은 도시적인 융성함을 지원하려면 어떻게 하면 좋은 것인지. 즉, 당시 이야기되고 있던 것처럼, "디자인을 조건짓는다"는 것이 아니라, "조건을 디자인"하려면 어떻게 해야 하는지 하는 것이었다. 1970년대 초기, AA(Architectural Associates) 스쿨에서 내가 가르치고 있던 강의는 "도시 정치"와 "공간의 정치학"이라는 제목의 강의였다. 이 강의와 세미나는 ―딱딱한 분위기를 완화시키기 위해, 색이 있는 종이에 인쇄한 삐라로 배부되었지만― 나의 논의를 전개할 즈음에 중요한 수단을 제공해 주었다.

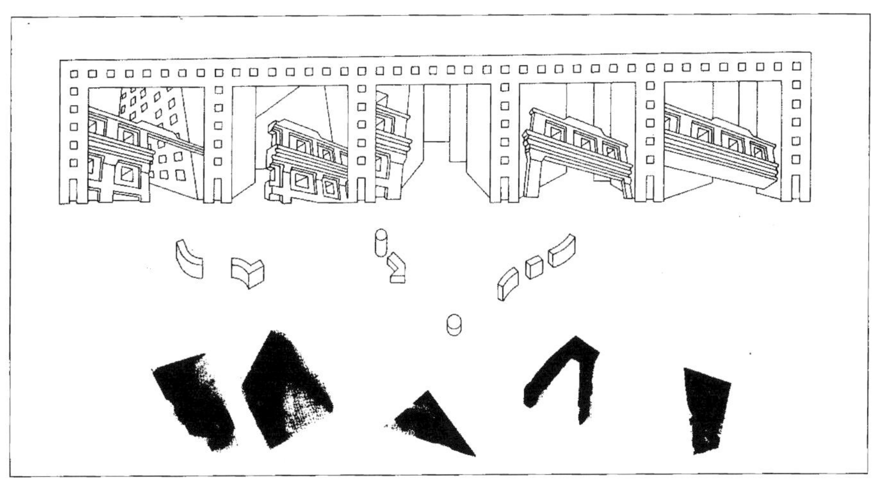

3

4

그러한 텍스트 중 하나가 "환경적 방아쇠"라고 제목이 된 것이었다. 이 논문은 1972년의 AA 심포지엄을 위해서 준비된 것이었다. 나는 그 해 28세로, 이 텍스트에 포함된 광범위한 질문은 나의 주된 관심의 개요를 나타내고 있었다. 즉, 건축이나 도시는 어떻게 사회, 정치적 변화의 발단이 될 수 있는가?하는 것이었다. 나는 5월 혁명에서의 파리의 가로를 불법 점거한 것에 매료되어 온 세상의 많은 대도시에 있어, 이와 비슷한 "잘못된 사용법"의 패턴이 있다는 것을 눈치채게 되었다. 도심에의 경제력 집중을 위해, 모든 행동은 계획적인 것이든, 돌발적인 것이든, 즉석에서 예기치 못한 측면을 보이게 된다. 도시(리버풀, 런던, 로스앤젤레스, 벨퍼스트 등)는, 사회적인 마찰이 가장 현저한 장소일 뿐만 아니라, 도시의 조건 그 자체가 사회 변혁의 수단이 될 수 있다고 나는 주장했다. 나는 벨 퍼스트와 델리를 몇 번 방문했을 때, IRA와의 비밀 접촉을 통해, 〈Architectural Design〉지(誌)의 "도시 폭동"의 특집을 위해 정보를 수집하고 있었다(후에 이 프로젝트는 이 주제에 대한 AA 심포지엄이 폭탄 예고 때문에 중단되었다는 소문을 들은 출판사에 의해 중지되었다).

만약 "환경적 방아쇠"가 사회 변혁을 낳는 힘으로서의 경제 붕괴의 가능성에 대해 너무나 낙관적인 견해를 나타내고 있다고 해도, 한편으로 위의 문장은 변혁의 프로세스에 있어서의 건축가의 역할의 가능성에 있어서도 분석을 실시하고 있다. 거기서 제시된 문제란, 건축가들은 어떻게 하면 건축이나 도시계획을, 당시의 지배적인 사회의 충실한 산물로서 보지 않을 수 있을까? 반대로, 어떻게 하면 그 기예(技藝)를 변화의 방아쇠로 삼을 수 있을까?하는 것이었다. 건축가는 기존의 제안을 바꾸어, 우리의 도시를 억압해 온 보수적인 사회에 봉사하는 대신, 도시가 그 사회에 압력을 가하게 할 수는 없는 것일까? 그때부터 20년이 지난 지금도, 나의 분석은 거의 변함이 없기 때문에, 옛날 내가 쓴 논문으로부터 얼마를 인용해 보겠다.

당시 나는 다음과 같이 썼다.

"공간은 사회 변혁의 평화적인 도구가 될 수 있을까. 새로운 라이프 스타일을 낳는 것으로, 개인과 사회와의 관계를 바꾸기 위한 수단이 될 수 있을까. 혁명 러시아에 있어서의 최소한의 미니멀 셀(minimal cell)이나 커뮤니티 키친(community kitchen)은 새로운 인간 관계를 결정짓는 사회적 농축기(social condencer)가 되는 것이었다. 그것은 다가올 사회의 주형(cast)으로서 기능하며, 또한 다가올 사회의 이상적인 반영이 될 것이었다. 다른 유럽 제국(결국은 혁명이 일어나지 않은 나라)에서 이러한 시도가 실패한 것은, 새로운 공간 질서와 토지 투기의 증대와의 절대적 모순이라는 것으로 설명이 가능했지만, 정치 조건이 좀 더 갖추어져 있던 나라들에서도, 이러한 시도는 똑같이 실패의 쓰라림을 맛보고 있었던 것이다. 그 실패의 원인은, 어떤 근본적인 오해였다. 순수하게 사람을 해방시

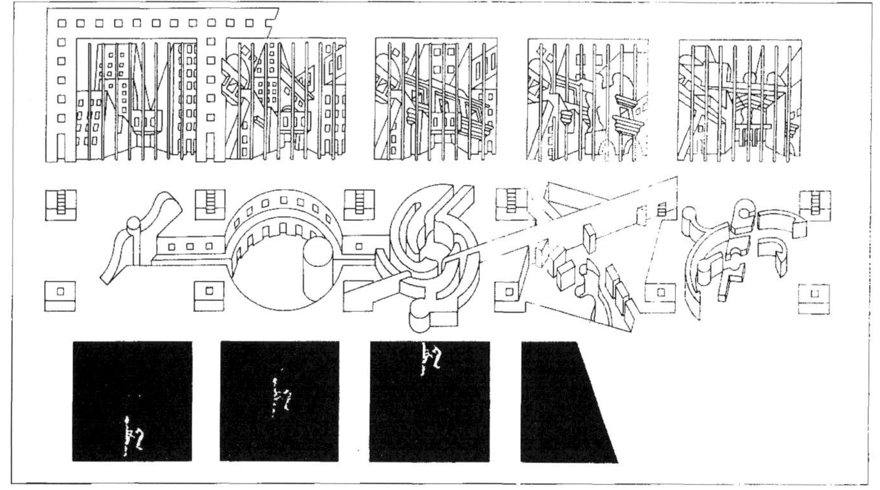

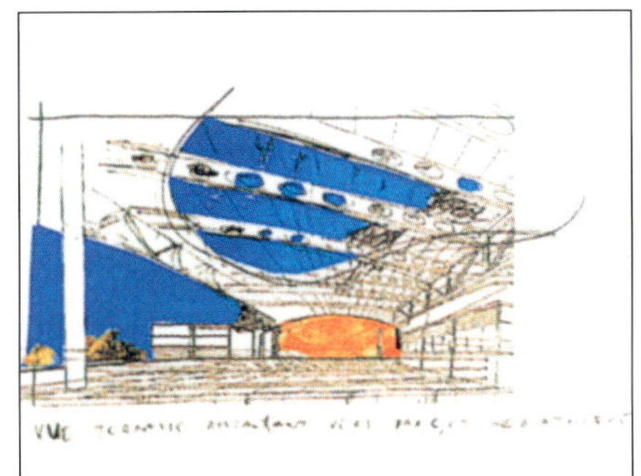

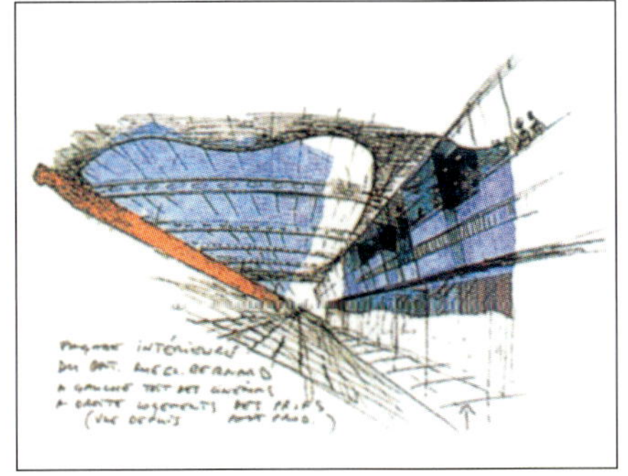

6

키는 기술이라는 이데올로기와 결합된 이러한 이론은, 행동 심리학의 하나의 해석에 근거하고 있었다. 이 해석에 의하면, 개인의 행동은 공간 질서에 의해 영향을 받으며 합리화된다는 것이다. 그러나, 공간 질서가 일시적으로 개인이나 집단의 행동을 바꿀 수 있다고 해도, 그것이 반동적 사회의 사회경제 구조를 바꾼다는 것은 쉽지 않은 일이다. 이 분석이 의미하는 것은 이런 것이다. 즉, 건축 공간 그 자체(이용하기 이전의 공간)는 정치적으로 중립이다. 예를 들어, 대칭적인 공간이 비대칭적인 공간에 비해 혁명적이라든가 진보적이라는 것은 누구나 인정하는 것이다. (그 당시는 사회주의 건축이라든지 파시스트 건축 따위는 없었고, 사회주의 사회나 파시스트 사회 안에 있는 건축이 존재할 뿐이었다). 그러나 몇 개의 선례는, 우연한 사건의 터무니없는 힘을 지적하고 있었다. 작은 행동이 미디어에 의해 수 천배나 증폭되어 혁명 신화의 역할을 담당하기에 이른 사건이었다. 이러한 사례에서 중요한 것은 건축의 형태가 아니었다(그것이 콘텍스트파(派)이든지 모더니스트파(派)이든지 간에). 소중한 것은 그 공간에 부여된 이용법(과 의미)인 것이다. 내가 만들어낸 것은 1968년 말에 에꼴 데 보자르의 학생들이 근처의 건설 현장으로부터 가져온 재료로, 황폐한 파리 교외에 3일만에 만들어 낸 신화적인 "게릴라" 건축이었다."

여기서 말하는 "게릴라 건축"은, 건축적으로는 단순한 쉘터였다. 그것은 건설 현장의 가건물이다. 그러나 그것은 "인민의 집"이라고 불리우며 자유, 평등, 권력 등의 의미를 시사하는 것이 되었다. 공간 그 자체는 중립적이었지만, 그것이 정치적 의미를 갖는 다는 것을 증명하기 위해, 이름을 붙이거나 혹은 좀 더 세련된 방법으로, 건설을 포함한 정치 행동(이 경우는, 인민을 위한 건물을 사유지 또는 국유지에 세우는 것)을 실시하는 것이 필요했다. 말하자면, 간판으로서의 건축이었다. 그것은 수식적인 행동이었지만, 유일하게 가능한 행동이기도 했다. 이러한 행동의 유일한 존재 의의는, 토지의 점거가 지닌 상징적이고 현시적(顯示的)인 가치이며, 건축된 것의 디자인은 아니었기 때문이다.

당시의 나는, 건축가의 역할로서 세 가지 밖에 생각하지 못했다. 우리 건축가들은 보수적인 생각에 빠질 수가 있다. 즉, 기존 사회의 정치, 경제적 우선 순위를 번역해, 형태를 부여한다는 역사적인 역할을 "보수(保守)"하는 것이다. 혹은 비평가나 평론가로서 역할을 하면서 문장이나 그 밖의 실천을 통해 사회의 모순을 분명히 하고, 그 때에 있어야 할 방향의 가능성을 지시하며, 그 방향의 장점이나 한계 등도 아울러 제시하는 인

7

텔리로서 기능할 수도 있다. 마지막으로, 우리 건축가들은
환경에 관한 지식(즉, 도시나 건축의 메카니즘의 이해)을
사용해 혁명가가 될 수가 있다. 새로운 사회, 도시 구조에
도달하려고 하는 전문가들의 세력의 일부가 되는 것이다.
내가 지지하고 있던 것은 평론가와 혁명가 사이의 역할이
었지만, 한편으로 나는 인텔리나 건축가로서의 우리의 입
장의 한계도 알고 있었다. 아마 우리가 소총에 총알을 넣
거나 지하 네트워크에 폭약을 장치하거나 할 일은 없을
것이다. 거기서 나는 있을 수 있는 정치적 행위로서 두 가
지 종류의 행동을 제안했다. 각각의 전략에 대해, 나는
"상징적 행동"과 "반디자인"이라고 이름을 붙였다. 전자는
건축으로 한정된 것은 아니지만, 도시 구조의 이해에 크
게 의존하고 있다. 이것은 또한, 대립의 극한화와 거기에
따른 사회의 가장 반동적인 규범이나 가치의 파괴를 시사
하고 있다.

상징적 행동

"상징적 행동"은 환경적 위기의 표현과 방아쇠의 양쪽 모
두로서 기능하며, 한편으로 지금 여기에 있어서의 유용성
과 상징성, 일상생활과 문제 인식을 게릴라식 방법으로 결
합시킨다. 예를 들어, 점거한 토지에 3일만에 "인민의 집"
을 세운다는 것은, 서구의 대도시의 노동자가 사는 교외
주택지에 게릴라 건축을 도입하고자 한다는 매우 놀랄 만
한 시도를 보여주고 있는 것이다. 프랑스의 학생이라면
("당신의 존재를 의식하기 위한 행동"이라고 한 프란츠 파
농적인 기술(記述)에 따라), 집단으로서 무엇인가를 세우는
것은 연대(連帶)의 일환이며, 참가자에게 있어서도 근교의
사람들과의 결합을 가져다주는 정치적인 학습의 장(場)이
된다고 논하는 것은 틀림이 없다. 자유로운 장소의 존재
는, 그것이 일시적인 것이어도, 혁명 투쟁의 중요한 발전
요인이며, 또한 경찰의 폭력에 위협을 받는 건물의 방위
(防衛)는, 투쟁 수단에 대한 실험과 강화를 가져온다고 이
야기되고 있다. 그러나 그보다 더욱, 상징적 행동의 목적
은 수수께끼적인 한 부분의 제거와 선전(propaganda)이
다. 자본주의적인 공간 구성이 모든 집합적인 장소를 파괴
하고, 분단과 소외를 부른다는 것을 밝히는 것, 그리고 체
제의 경제적 논리에 반하는 건설 수단을 가지고, 재빠르고

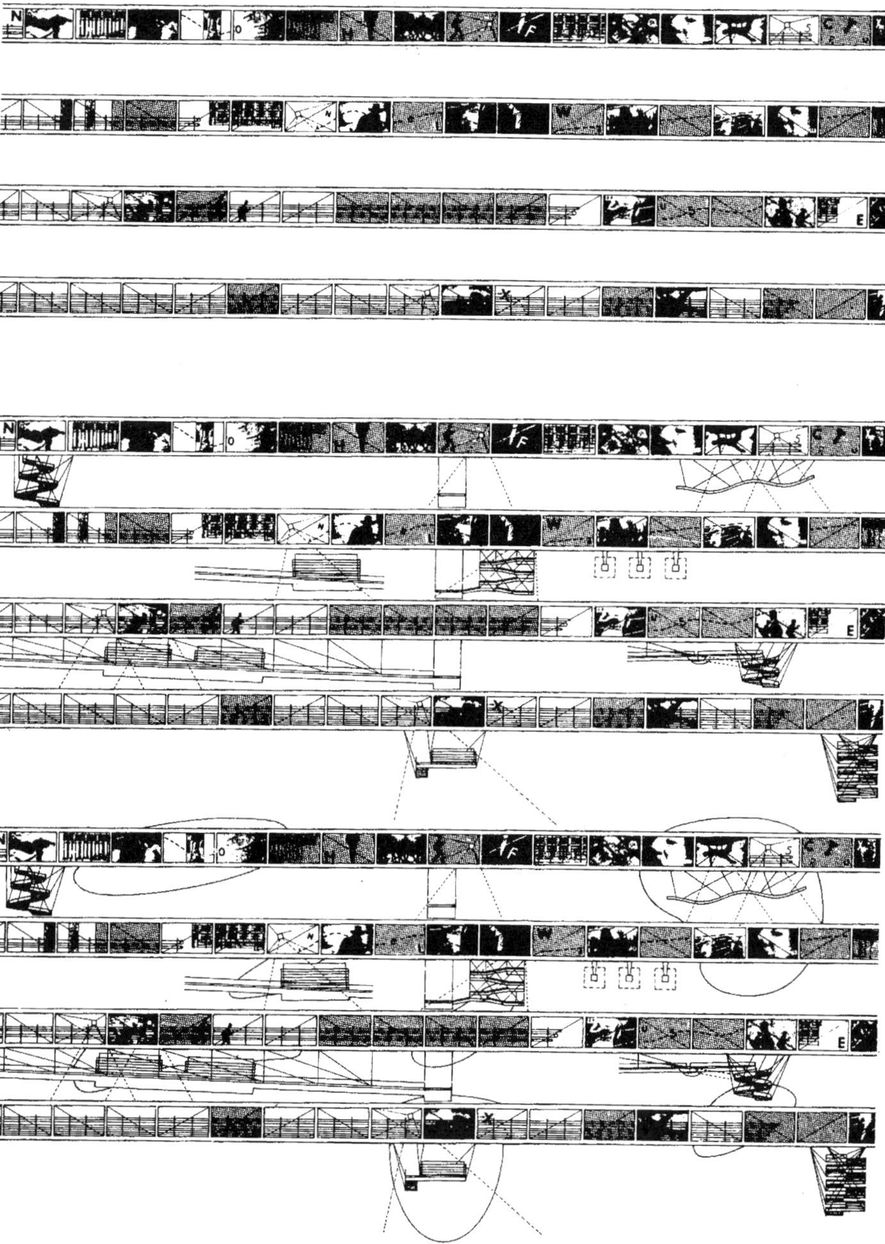

값싸게 건축하는 것이 가능하다는 것을 분명히 하는 것을 의미하고 있는 것이다(여기에서는, 건설 수단의 개발이 뒤떨어지고 있는 것은 토지 사유제의 직접적인 결과라고 은근히 진술되고 있다). 따라서 그 목적은, 단지 지어진 건물만이 아니라, 건설을 통해서 사회의 현실과 모순을 분명히 하는 것이다.

1971년 2월, 나는 AA 스쿨의 학생들과 폐쇄된 런던의 〈켄티슈 타운 철도역〉을 점거했다. 이것은 거기에 계속되는 낙서나 스크워트 활동과 함께, 단순한 시민 봉사 활동을 위한 공기식 돔의 영역을 초월한 것이 되었다. 5분간의 공격과 공간의 만들기는 자유로운 도시를 이용하는 첫 걸음이었다. 두 번째 전략은 좀 더 건축적이었다. 건축가의 표현 수단(계획, 투시도, 꼴라쥬 등)을 사용해, 보수적인 시위원회나 지자체 정부에 의해 부과될 계획의 악영향을 규탄했던 것이다. 아키줌의 〈논 스톱 시티〉나 슈퍼 스튜디오의 끝없는 모뉴먼트(두 가지 모두 1970년대의 장난기서린 비판적인 프로젝트이다) 등은 이러한 어프로치의 모델의 가능성을 제공했다.

반 (反) 디 자 인

"반(反)디자인"은 건축 표현의 일면을 그 문화적 가치나 함축 모두 함께 사용하려는 절망적이고 허무적인 시도라고 부를 수 있을 것이다. 절망적이라고 하는 것은, 그것이 가장 약한 건축적 수단인 설계도에 의지하고 있기 때문이다. 왜냐하면, 앞서 정의한 것처럼, 건축된 물체는 무엇이건 간에 그 성질상 반동적 사회의 사회 경제적 구조에 아무런 영향을 미칠 수 없기 때문이다. 여기서 니힐리즘이라고 하는 것은, 그 유일한 역할이 재정적인 힘의 소유자들의 의도에 근거하는 비관적 예측을 건축적 표현으로 번역하는 것뿐이기 때문이다.

이 어프로치는 계획도의 약점만 보일 뿐일지 모른다고 생각한다. 설계도가 최종 성과물로서 의도된 것인 이상, 자본의 제약 하에 있는 실제의 건축물은 절대로 지닐 수 없는 자유도를 가지고 있을 것이다. 그 역할이란, 사회적인 대체 안(案)을 디자인하는 것은 아니다. 그런 것은 그것을 실현시키는 권력 단체에 의해 곧바로 신화력(神話力)을 상실해 버리고 만다. 오히려 그 역할이란 어떤 영역의 공식적 세력을 인식하고 그 장래를 예측하며 그것을 설명하기 위해 그래픽인 언어로 번역하는 것이다. 마치 낙서와 같은 것이다. 낙서나 포르노가 현실적인 것으로는 무시되는 듯한 추잡함을 가지고 있는 것과 동일하게, 건축 드로잉은 실제 건물의 일상 체험이 저지하는 특수한 의미를 부여하고 보관 유지할 수 있다. 그것은, 몇 개의 재개발 제안의 어리석음을 명시하거나 자본주의 시스템이 행하는 방법을 확인하거나 하는데 사용할 수 있을 뿐만 아니라, 이 표현 양식의 유효성에 관해서 증대되어 가고 있는 의심을 확인하는데도 사용할 수 있다. 따라서 이것은 정치적 발언임과 동시에, 문화적 발언이기도 하다.

9　10

WWW.DESCHOOL.NL
WWW.HEREPLEIN.NL

WWW.DESCHOOL.NL
WWW.HEREPLEIN.NL

발라프 리하르츠 뮤지엄
Wallraf-Richartz Museum

발라프-리하르츠-미술관과 루드비히 미술관은 최근에 수장품이 증가하여 새로운 증축이 필요하게 되었다. 버스만과 하버러(Busmann & Haberer)가 설계한 이 건물은 대성당의 테라스 높이의 위치에서 모든 방향으로부터의 접근이 가능하고 외부에서부터 건물의 안쪽으로 연결부분이 만들어지고 있다. 전시실은 3개 층에 배치되었다. 이로 인해 각 부분은 독립적일 수 있고, 주 계단으로 인해 수직방향으로 연결된다. 이 주 계단으로 전시실에 갈 수 있다. 입구 층의 정면 현관은 박물관, 포럼(미술관의 홀)을 거쳐 레스토랑과 기획 전시실로 연결된다. 바로 위층의 객실은 발라프-리하르츠 미술관의 전시실로 연결되어 있다. 이 객실을 거쳐 3층의 루드비히 미술관은 1층의 현대미술의 전시실로 연결되고 있다. 2000명에 가까운 청중을 수용하는 콘서트 홀은 대성당의 남쪽 테라스가 있는 높이와 라인 강 쪽 레벨의 정확히 중간 부분에 설치되어 있다. 여기서는 실제의 지형이 잘 이용되고 있으며, 따라서 상징적이라기보다는 스카이라인을 파괴하지 않도록 계획되어 있다. 콘서트 홀 자체는 독립된 공간이며, 2층의 로비를 거쳐 비쇼프스-가르텐슈트라세(Bischofs-gartenstrasse)로부터 접근된다. 이 2층의 로비는 큰 계단에 의해 서로 연결되어 있어 연주회에 온 사람이 문득 산책해보고 싶어지게 하는 역할을 한다.

Busmann & Haberer의 건축사고방식
: Wallraf-Richartz Museum에 대한 소고- Busman & Haberer

개 요

제 2차 세계대전 때 파괴된 거리를 전후에 재건할 무렵, 쾰른 대성당 주변 지역의 재구성에 대한 문제가 발생하였다. 그 문제란, 19세기에 완성되어 그대로 웅장하게 서 있던 성당을 이 가로 안으로 재통합하는 것과 그리고 해마다 증가하고 있는 도로 교통량을 감소시키는 것, 잃어버린 광장을 재건하는 것, 마지막으로 건축적으로 정교하게 디자인하여 가로와 라인 강을 통합하는 것 등이었다.

피터 부스만 & 고드프리드 하베리이르
(Peter Busmann & Godfrid Haberer)

1956년에 실시된 최초의 컨셉 현상설계경기에서는 설계 기준이 설정되었으며, 이후 이것에 준거하여 개발계획안을 제출할 수 있도록 하였다. 이 기준은 교통 문제를 해결(1964년)하는데 기초가 되었으며 대성당의 테라스 계획(1968)의 출발점이 되었고, 로마-게르만 박물관 건설(1974)의 포석이 되기도 하였다.
구(舊) 버스 터미널 철거지의 건설에 대해서는 다양한 제안이 있었다. 그러나, 실제의 건축계획이 전개되고 나서야 비로소 구체적인 계획을 만들 수 있게 되었다. 쾰른시(市)의 이 지구(地區)는, 전후 전쟁에서 황폐된 부분의 도시계획이 진행되고, 호에 슈트라세(Hohe Strasse), 발라프 프라츠(wallrafplatz)에서 라인 강의 자연스런 경관으로 이어지는 대성당 주변의 지역과 개발 계획 지역 일대를 잇는 지역이 되었다. 또한 이 도시구획설계에는 여러 가지 도시 기능을 지닌 독자적인 공간이 교차하고 있다.

새로운 미술관이 완성되면, 공예 박물관이 될 기존의 발라프-리하르츠-미술관, 서독 방송, 로마-게르만 박물관, 주교 관할 구역 박물관, 그리고 대성당을 둘러싸는 것은 물론, 이러한 시설이나 환경에 의해 문화적 활동이 일어나는 지역으로 만들 수 있다. 라인강 하류의 구 시가지나 라인강의 보트 선착장이 있는 강가의 공원에서는 레저 활동이 일어난다. 그리고 지하철 및 교외철도노선의 철도 중앙역 및 독일역에서의 주요 환승역이 있고 공공도로의 네트워크와 호에 슈트라세에서 구 시가지나 라인강으로 통하는 유보도(遊步道) 지역, 이들이 서로 관통하여 교통경제의 축이 되고 있다. 이 디자인의 중요한 포인트는 대성당 내진의 동측 주변의 디자인, 지형의 이용, 라인강에의 접근의 문제 등이다. 1976년에 실시된 공개 현상설계경기에서 이 부지에 건축될 건물에 관해 새롭게 발라프-리햐르츠 미술관 및 루드비히 미술관, 2000명을 수용하는 콘서트 홀을 건설하려는 제안이 나타났다. 이 설계경기에서는 각 국에서 유명한 건축가가 응모하였으며, 특히 제임스 스털링, 웅거스 등이 안을 제출하기도 했다.

도 시 계 획

설계경기에서 응모한 작품 중 당선된 것은 부스만과 하베레이르의 안으로, 이것은 이후 계획의 기초가 되었다. 이 계획안의 특징을 심사위원회의 보고서에서 발췌하면 다음과 같다.

> *"이 계획안의 요점이 되는 특징은 새로운 발라프-리하르츠미술관으로 향하는 로마-게르만 박물관이나 대성당의*
> *기단부로의 대담한 어프로치에 있다. 그 결과, 결정적인 방법으로, 이 지역의 스케일이 새롭게 만들어지게 되었다.*

1 발라프-리하르트 뮤지엄 / 초기 모델사진
2 발라프-리하르트 뮤지엄 / 배치도
3 발라프-리하르트 뮤지엄 / 북쪽을 향하는 전시장 천창
4 발라프-리하르트 뮤지엄 / 성당으로부터의 조망
5 발라프-리하르트 뮤지엄 / 전경

그 결정이 도출시키는 중요한 귀결로서, 새로운 미술관과 라인강 사이에 실질적인 오픈 스페이스가 생기는 것을 들 수 있다. 자유롭게 사용할 수 있는 도시의 공간은 2개의 구역으로 나뉘게 된다. 이것은 미술관에 적절한 오픈 스페이스를 갖추는 것임과 동시에 라인강의 개방적인 경관으로 연결되는 부분을 갖는 충분한 가능성을 겸비한 계획이 되고 있다. 이러한 요소들이 정교하게 배치되어 있기 때문에, 구 시가로 결되는 부분 뿐 아니라 철도역으로 연결되는 부분을 갖는 것이 가능해졌다. 이 배치의 결과, 중앙 부분의 높이가 낮게 제한되고 있어 대성당을 향하는 시야가 열리게 된다. 이것은 뛰어난 장점이 되고 있다. 이 지점에서 건물의 정면 입구가 위치하고 있기 때문에 방위 또한 전개상 이돌을 얻고 있다."

발라프 – 리하르츠 – 미술관과 루드비히 미술관

발라프–리하르츠 미술관과 루드비히 미술관은 최근에 수장품이 증가하여 새로운 증축이 필요하게 되었다. 이 건물은 대성당의 테라스 높이의 위치에서 모든 방향으로부터의 접근이 가능하고 외부에서부터 건물의 안쪽으로 연결부분이 만들어지고 있다. 전시실은 3개 층에 배치되었다.

이로 인해 각 부분은 독립적일 수 있으며, 주 계단으로 인해 수직방향으로 연결된다. 이 주 계단으로 전시실에 갈 수 있다. 입구 층의 정면 현관은 박물관, 포럼(미술관의 홀)을 거쳐 레스토랑과 기획 전시실로 연결된다. 바로 위층의 객실은 발라프–리하르츠 미술관의 전시실로 연결되어 있다. 이 객실을 거쳐 3층의 루드비히 미술관은 1층의 현대미술의 전시실로 연결되고 있다. 전시실은 인공조명으로 처리된 실과 측면으로부터 혹은 위쪽으로부터 빛을 받아들이는 자연광으로 처리된 실이 있다. 관람객이 스스로 어디를 갈지를 결정할 수 있게 되어 있으며, 모든 것을 보지 않은 채 일부의 전시를 보고 끝낼 수도 있고 지름길을 통해 일부만 돌아다닐 수도 있다. 앞으로는 관람객을 미술관의 공동 소유자, 예술가를 미술관의 파트너로 간주해서 함께 예술적 주제를 보는 것이 미술관의 중요한 목표가 될 것이다.

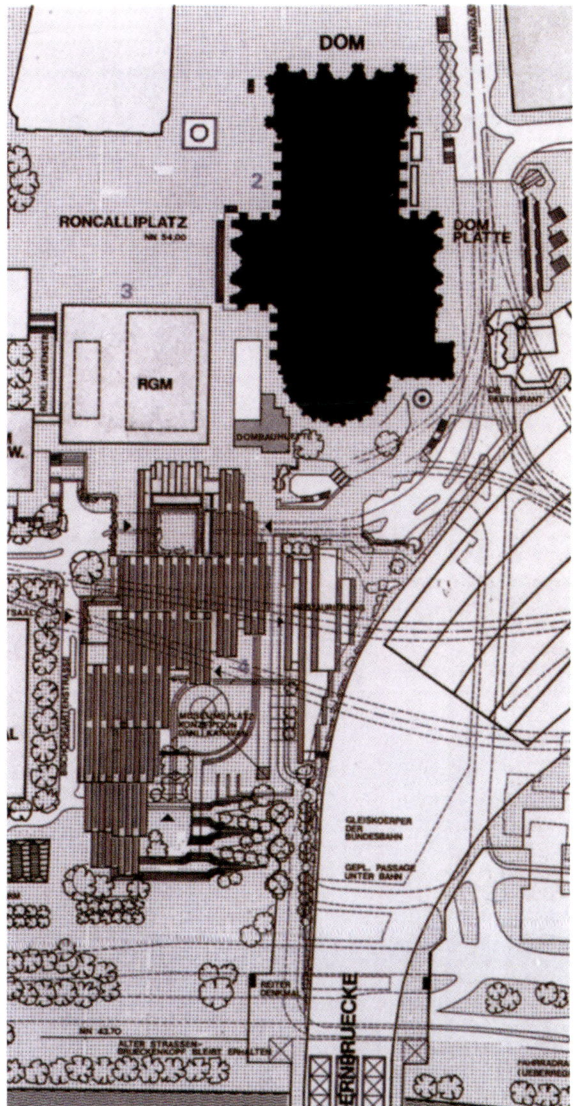

2

3

4

5

발라프 리하르츠 뮤지엄

콘서트 홀

2000명에 가까운 청중을 수용하는 콘서트 홀은 대성당의 남쪽 테라스가 있는 높이와 라인강 쪽 레벨의 정확히 중간 부분에 설치되어 있다. 여기서는 실제의 지형이 잘 이용되고 있으며, 따라서 상징적이라기 보다는 스카이라인을 파괴하지 않도록 계획되어 있다. 콘서트 홀 자체는 독립된 공간이며, 2층의 로비를 거쳐 비쇼프스–가르텐슈트라세(Bischofs–gartenstrasse)로부터 접근된다. 이 2층의 로비는 큰 계단에 의해 서로 연결되고 있어 연주회에 온 사람이 문득 산책해보고 싶어지게 하는 역할을 한다. 콘서트 홀 안에는 많은 좌석이 있지만, 쉘 구조에 의해 무거운 공간을 완화시키고 있으며 청중의 주의를 집중시키는 역할을 한다. 조정실이나 대기실 같은 보조기능의 공간은 아래층에 기능에 따라 배치되어 있다.

서독 방송이 스튜디오 레코딩을 할 때 이 홀을 사용하는 일도 있어 최고 수준의 음향 효과를 요구하므로 앞으로의 계획에서는 건물의 진동으로부터의 보호와 모든 객석에서 높은 질의 음향을 들을 수 있도록 하는 것이 주요 관건이다. 이 콘서트 홀은 공개 연주회를 라디오나 텔레비젼으로 중계할 수 있고 사운드 레코딩 스튜디오로 사용될 수도 있다. 그 때문에, 서독 방송은 여기에 사운드 믹서나 레코딩 기기를 포함한 스튜디오 설비를 마련하였다.

건 설

대지는 라인강 부근이기 때문에, 지하수가 출수(出水) 될 수 있는 지구(地區)이며, 독일연방 철도와 라인강을 운행하는 배의 진동이 전달되는 지구에 속해 있다. 미술관과 콘서트 홀로서 이와 같은 상황에 대처하기 위해

7 발라프-리하르트 뮤지엄 / 전시장 모습
8 발라프-리하르트 뮤지엄 / 동쪽에서의 미술관 광장 조망
9 발라프-리하르트 뮤지엄 / 미술관 광장
10 발라프-리하르트 뮤지엄 / 전시장 모습
11 발라프-리하르트 뮤지엄 / 전시장 모습
12 발라프-리하르트 뮤지엄 / 전시장 모습

서는 교통소음이나 여러 가지 유해 물질로부터의 보호와 같이 가장 고도의 건축기술이 요구되었다. 수압에 잘 견디도록 기초를 안전하게 놓기 위해서는 1981년부터 1982년에 걸쳐 12개월 이상의 기간동안, 건설공사 실시의 전(前) 준비단계로서의 부분적인 건설계획이 실시되었다. 측면의 옹벽구조와 수면 밑의 바닥 슬라브를 사용하여 내수성있는 기초를 만들어, 이 대지에 건설하는 것을 가능케 했던 것이다.

주변으로부터의 환경적인 장애가 되는 영향을 받지 않도록 쉘 구조 전체는 구조적으로는 기초와 분리되어 있다. 그 상태에서, 인슐레이션 실란트를 사용하기 때문에, 쉘은 건물 내부의 콘서트 홀로부터도 분리되어 있다. 이것은 미술관 부분에서 일어나는 진동을 콘서트 홀로 전달하기 위해 요구되었던 것이었으며, 섬세한 홀에 원하는 고품질의 스튜디오를 만들어내고 있다. 강구조의 지붕 프레임과 콘크리트 복합 구조가 40m폭의 콘서트 홀의 프리 스판 지붕과 20m 스판의 미술관의 프레스트레스 지붕을 위해 특별히 사용되었다. 최종의 건설 기간 중 화사드가 확충되었고, 우수로부터의 보호와 광범위한 설비가 설치되었으며, 다양한 목적에 따른 내부 디자인이 완성되었다. 이러한 일련의 건물은 귀중한 수장품을 보관하기 위해 완전히 공조가 되고 있으며,. 미술관 부분은 포괄적인 중앙방범시스템을 사용하고 있다.

(A+U. 1987. 4월. pp.22–32)

11

10

12

바이엘러 파운데이션 뮤지엄
Beyeler Foundation Meseum

바이엘라 재단은 3개의 건물 부분으로 이루어져 있다. 1976년, 리헨시(市)로부터 구입한 베로우바 공원, 레스토랑과 재단 사무국을 두고 있는 18세기에 세워진 베로베르 빌라, 그리고 렌조 피아노가 설계한 새로운 미술관이 그것이다. 이 〈바이엘러 재단 미술관〉에서는 공중에서 바라보았을 때, 더욱 진전된 자연주의의 모습, 그리고 유리와 철재의 사용을 통한 기술주의적 특성과 같은 수법이 전개되어 있다.

대지는 바젤 북측 근교의 리헨에 있는 영국식 정원의 베로우바 공원의 일각이며, 옆으로 긴 세장한 대지는 긴 벽에 의해 둘러싸여 있으며, 주변에는 100년 가까운 노목들이 식재되어 있다. 건물은 대지의 형상에 따라 남부으로 긴 형상으로 이루어져 있으며, 서측은 공원, 동측은 기로에 면히고 있다. 긴물은, 성호대립 하는 2개의 테마를 나타내고 있는데, 그 하나는 길게 늘여진 솔리드 벽이며, 다른 하나는 밝은 유리 지붕이다. 모든 외벽은, 아르헨티나 산의 적반암으로 덮여 있다. 건물 안에는 서점, 관리실, 화장실 등과 함께 전시실로 구성되며 이 곳으로 연결되는 도로에 접하여, 창이 없는 벽이 길게 늘어서 있다. 렌조 피아노는 이 벽을, 여기에 건물 전체가 기초를 두는, 일련의 "등뼈", 혹은 "형성기의 영역"이라고 설명하고 있다. 이 긴 벽의 반대 측에는, 밖을 바라볼 수 있어 관람자가 휴식할 수 있는 장소로서 설계된 윈터 가든이 있다.

Renzo Piano의 건축사고방식

〈렌조 피아노: 장소, 프로그램 그리고 현재에 호응하는 것〉 – Peter Buchanan

아무리 유명한 건축가라 해도, 디자인에 임할때는 건축주로부터 주어지는 요청이나 내용에 대응하게 마련으로, 당시 유행하는 조형 언어에 의지하는 경향에 있다. 시장 중심, 광고 중심의 현대에 있어, 쉽게 인식가능한 상품의 브랜드 이미지를 만들어 내고 있는 것은, 바로 이러한 조형 언어이다. R. 피아노 역시 그 자신의 이미지가 있는데, 그의 디자인은 여러 가지의 성질이 혼재하는 매우 예외적인 것이다. 그것은 어프로치의 방법에 있어 일관성이 없는 것이 원인이 아니다. 그의 건축 어프로치로부터 읽어낼 수 있는 것은, 그 개인의 건축 적 특성이 아니라, 오히려 프로그램이나 장소의 특수성으로부터 그 디자인이 창조되고 있다는 것이다. 더욱이 R. 피아노가 생각하는 것 중, 장소란, 부지나 근린 건물의 특성은 물론, 미기후나 지질학 등이 가지는 복합 시스템(complex system)을 포함하여 그것에 들어있는 내용이 반영된 것을 말한다. 즉, 한 장소와 관련된 지역 전체로부터 보았을 때, 그 대지와 관련된 건물의 전통, 역사 그리고 이것들에 관련된 기억이 포함되어 있다.

렌조 피아노(Renzo Piano)

이것 이외에도, 디자인의 구상을 가다듬는 일 역시, R. 피아노에 있어서는 매우 중요한 단계이다. 즉, 피아노 와 그의 협력자들의 축적된 경험에 의지할 뿐만 아니라, 어떤 재료 혹은 어떤 기술을 현지 혹은 해외로부터 조달해야할 것인가를 생각하면서(각각의 장소나 프로그램뿐만 아니라, 항상 변화하고 있는 것에 따라 분명한 차이가 나타난다), 재료와 기술을 적절한 균형으로 결정하는 단계이기 때문이다.

따라서, 피아노의 작품에서 그 특성이 서로 유사성이 전혀 없는 것이, 오히려 전형적인 피아노의 작품에서 나타나는 특성이라고 해도 좋을 것이다. 이들 작품에서 나타나는 차이점에는, 프로그램이나 대지의 특성이 반

1

2

영되고 있다. 예를 들어, 〈바이엘라 재단 미술관〉은 지붕
으로부터 쏟아지는 자연광을 위해 존재하는 듯한 건물로
보이지만, 〈뉴 메트로폴리스 과학기술 센터〉에서는 전시
공간이 인공 조명으로 처리되고 있다. 〈뉴 메트로폴리스〉
의 디자인은 극히 어려운 예산 하에서 제약을 받았지만, 〈
바이엘라 재단 미술관〉에서는 그렇지 않았다. 반면, 〈데이
비스 타워〉는 복합적인 용도의 고층건축으로서 1층은 상
가와 공공용도의 기능으로, 2층 이상은 오피스로 처리되
어 있다. 〈뉴 메트로폴리스〉는 많은 수의 도크가 있는 암
스테르담시의 중심에 위치하고 있으며, 건물이 배와 같은
형태로 수중에 빠져 있는 모습 또는 수면으로 떠오르는
모습으로 처리되어 있다.

〈바이엘라 재단 미술관〉은 바젤시(市) 교외의 공원 내에
있어, 석벽(石壁)이 공원의 경관을 향해 펼쳐지면서 거기
에 용해되고 있다. 〈데이비스 타워〉는 〈뉴 메트로폴리스〉
와 같이 도심부에 있으며, 강가에 있는 동시에 해저 터널
입구에도 가깝다. 그러나, 여기에는 인접하는 건물이 없
다. 그 이유는 일찍이 이 부근이 베를린의 심장부와 만나
지만, 최근까지 〈베를린 장벽〉의 황무지화 때문에, 아직
아무것도 완성되어 있지 않기 때문이다. 그러니까 〈데비이
스 타워〉는 컨텍스트에 응해 만들어졌다기 보다는 오히려
서쪽의 베를린을 재통합시킬 수 있도록, 보다 광범위한 새
로운 환경 구성을 담당하는 것으로 계획되었다고 말할 수
있다.

건물이 세워진 나라에 있어서도 마찬가지로, 〈뉴 메트로폴
리스〉가 다른 장소에 있었다면 조금 이상하게 보였을지도
모른다. 그런데, 네덜란드에는 급진적인 건물의 상당히 많
은 수가 건설되고 있기 때문에, 그러한 환경에는 매우 친
숙해있다. 더욱이, 수면으로부터 솟아오르는 듯한 모습은,
많은 노력 끝에 간신히 국토를 해상에 건설한 나라의 과
학기술 센터로서 적절한 이미지로 생각된 것이다. 해저 터
널이 건물 아래를 지나고 있는 것, 그리고 인접 해양 박물
관의 전시품으로서 범선이 지어지고 있는 것도, 유사한 상
황이다. 네덜란드인이 전통적으로 뛰어난 조선 및 해양 토
목공학의 기술이, 이 장소에서 결합되고 있다. 그러나, R.
피아노는 여기서 외국의 요소도 채용하고 있다. 그것은 일

3

4

5

바이엘러 파운데이션 뮤지엄

반에 개방된 경사진 옥상 광장이다. 이곳으로부터 사방으로 전개되는 경치는, 이 건물을 배후의 구시가지와 연결시키고 있다. 또한, 높은 시점에서 암스테르담을 바라보는 것이 가능해졌다.

R.피아노가 단호한 합리성을 추구하는 스위스에 있어서는, 〈바이엘라 재단 미술관〉의 금욕적인 건물도 또한 주위의 자연 속으로 용해되고 있는 것처럼 보인다. 다만, 현지 사람의 눈에는, 벽의 돌쌓기 방법이나 자연적인 방법이 약간 로맨틱한 취미로 비칠는지도 모른다. 렌조 피아노의 〈데이비스 타워〉는 동서 베를린의 단절을 화해시키려고 했던 포츠담 광장 계획안의 마스터플랜 상에서 실현된 건축물이다. 이곳의 마스터플랜은 독일 재통일의 상징이기도 하다. 이 계획은 역사적인 가로뿐만 아니라, 베를린의 전통적인 중정식 가구 블록을 부활시켜 현대식으로 사용하고 있다. 〈뉴 메트로폴리스〉와 함께, 〈데이비스 타워〉는 주위의 도시에 대해 공공 공간을 제공하고 있다. 즉, 아트리움의 사용이 바로 그것인데, 이것에 상당하는 것이 전통적인 가구 블록 중앙에 있던 중정으로, 이곳에 지붕덮개를 둔 것으로 보면 좋을 것이다.

이러한 일련의 계획을 통해, 렌조 피아노의 건축 분야에서의 활동이 국제적이라는 것이 충분히 납득이 간다. 그 이유는 사무실의 멤버가 전 세계에서 모여든 것을 말하는 것은 아니다. 다른 건축가도 외국에 건축물을 설계하겠지만, 그 디자인을 보면, 그것이 어느 건축가에 의한 것인지, 또 어떤 나라 사람에 의해 계획된 것인지를 즉시 분별할 수 있다. 그런데 렌조 피아노는, 사무소를 제노바와 파리에 두고 있으면서도, 작품들은 결코 제노바 또는 프랑스적이라고 볼 수는 없다. 뿐만 아니라, 어느 건물에 대해서도, 그는 자신의 디자인 교의나 개인적인 디자인 언어에 사로잡히지 않고 장소, 프로그램, 그리고 국가를 불문하고 그 시점에서 이용 가능한 기술의 잠재력에 대해, 솔직하게 따르고 있는 것처럼 생각된다.

그런데 이상의 언급에도 불구하고, 이 3개의 건축물의 계보를 살펴보면, 모두 각각 별개의 시리즈에 속한다. 즉, 〈뉴 메트로폴리스〉에서는, 〈베르시 2 쇼핑센터〉에서 시작해 〈간사이 국제공항 승객 터미널〉를 통해 계속 추구된 금속 패널 피복의 곡선 형태가 한층 더 전개되고 있다. 〈바이엘라 재단 미술관〉에서는, 지붕이 전면 유리벽이라든가, 외벽이 그 지방에서 생산되는 재료로 마감되어 있다는 점에서, 〈메닐 콜렉션 미술관〉과 밀접하게 연결되어 있다. 그리고 〈데비스 타워〉에서 보이는 테라코타 피복과 그 외의 유리 루버에 의한 이차적인 피막은, 〈리용의 시테 인터네셔날레〉에서 유래하고 있다. 〈리용의 시테 인터내셔날레〉는 그 이전의 수많은 계획에서 실천되어 온 테라코타 피복의 지속으로서 등장한 건물이었지만, 그 근원은 〈퐁피두 센타〉 근처에 세워진 〈IRCAM 음향 연구소 증축〉에 까지 거슬러 올라가게 된다.

피아노의 작품을 보면, 이 3개의 건물은 각각 다른 시리즈에 속하고 있지만, 공통의 주제로 분류할 수도 있다. 이미 언급한 바와 같이, 이 중 2개는 미술관 · 박물관이고(모두 빠른 시일 안에 대호평을 받았다), 그것과는 별도로 각각의 도시에 대해 공공 공간을 제공하는 것도 있다. 〈바이엘라 재단 미술관〉, 〈데비스 타워〉 모두 선구적인 계획안 덕분에 에너지 효율이 현격히 향상되어 있다. 각각의 피복재에 대해 말하면, 〈뉴 메트로폴리스〉에서는 바다 바람에 침식당하는 것을 방지하기 위해 산화 처리된 강판을 사용하였으며, 〈바이엘라 미술관〉에서는 현지의 사암과 어울리도록 길이가 반장인 아르헨티나산 적반암을 사용했고 〈데비스 타워〉에서는 장래 지어질 건물과 조화를 이루도록 테라코타를

6

7

6 공업화 주택 시공 시스템 / 공사중의 현장
7 공업화 주택 시공 시스템 / 화사드 상세
8 줄 버네 레저 파크 설계경기 / 대나무구조의 구성 시스템

사용했다. 이들 모두 재료는 각각 다르지만, 어떤 재료도 풍화를 방지하기 위한 방법으로 사용된 것으로, 세월의 흐름에 따라 원숙미가 증가하는 의도를 이유로 채용된 것이다.

이상과 같이, 렌조 피아노의 건축방법은 각 건물이 속하는 특별한 장소에 따라 디자인, 기술, 그리고 재료를 다르게 사용하지만, 공통되는 것은 장소의 특성을 현재의 상황에 맞도록 프로그램화하는 것을 목표로 삼고 있다는 점이다. 렌조 피아노는 어떤 건물에 대해서도, 자신의 디자인 교의나 개인적인 디자인 언어에 사로잡히지 않고, 장소, 프로그램, 그리고 국가를 불문하고 그 시점에서 이용 가능한 기술의 잠재력을 솔직하게 따르고 있는 것처럼 보인다. 이것이 렌조 피아노의 건축의 중요한 요점이라 할 수 있다.

〈A+U 9802(pp.68-75)〉

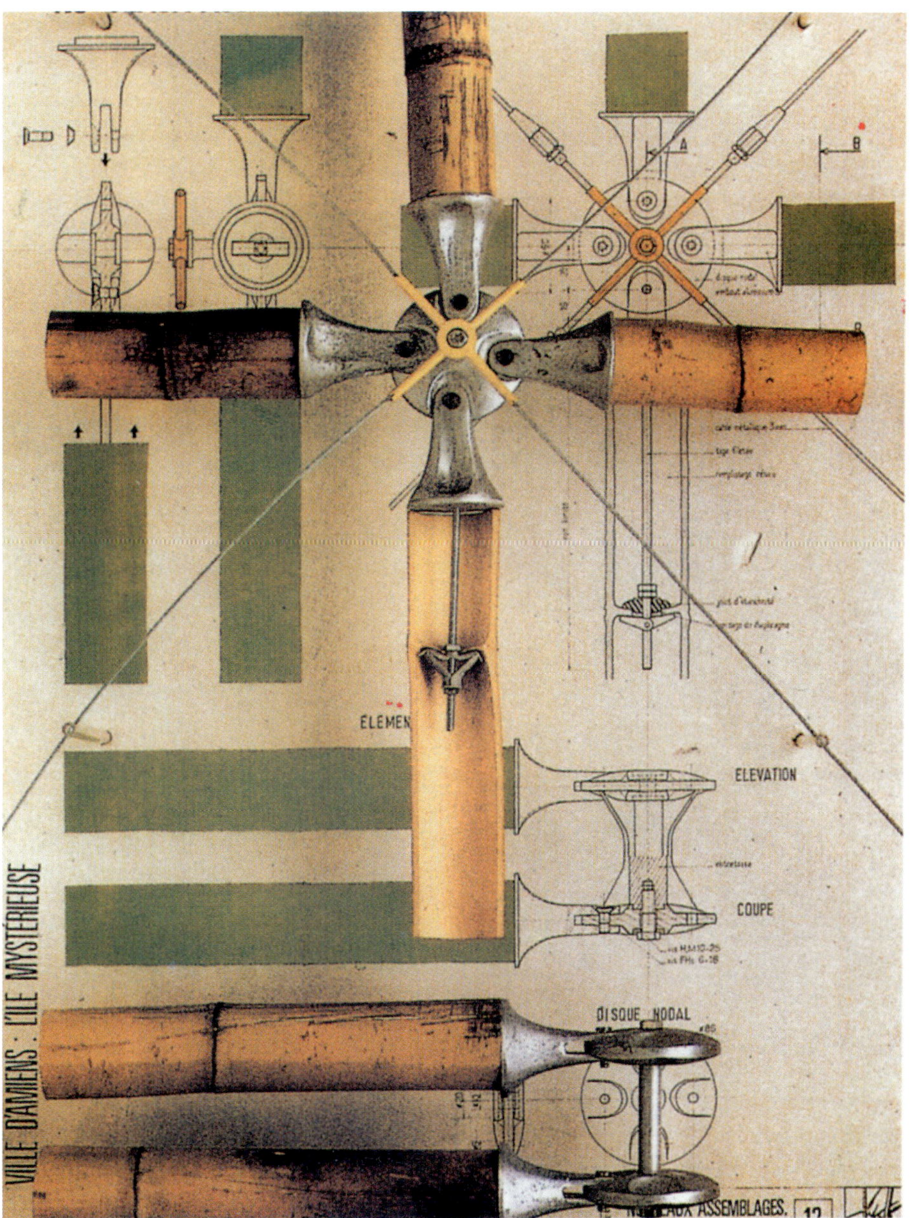

Beyeler Foundation Meseum.

Baselstrasse 77, Riehen, 1997, Renzo Piano

작품설명

| 디자인 컨셉 |

바이엘라 재단은 3개의 건물 부분으로 이루어져 있다. 1976년, 리헨시 (市)로부터 구입한 베로우바 공원, 레스토랑과 재단 사무국을 두고 있는 18세기에 세워진 베로베르 빌라, 그리고 렌조 피아노가 설계한 새로운 미술관이 그것이다. 1991년, 재단은 제노바의 건축가 렌조 피아노를 방문해 건축적 개념을 작성하도록 의뢰했다. 피아노는, 그 일을 다음과 같이 설명하고 있다. "이 박물관은 전시할 미술품의 질을 반영해, 외부 세계와의 관계성을 명시하는 것이어야 한다. 그것은 바로, 미술관은 과잉이지는 않을 정도로 역동적인 역할을 수행해 내지 않으면 안 된다는 것이다." 그 2년의 뒤, 리헨시(市)의 주민 투표의 결과를 수용하여, 바이엘라 재단은 건설을 결의했으며, 다음 해에 공사를 시작할 수 있었다.

렌조 피아노의 미술관 디자인은 이미 정평이 난 것으로 〈퐁피두 센터〉에서 나타난 레이트 모던 풍의 기술주의와, 〈메닐 콜렉션 미술관〉에서 나타나는 자연광에 대한 섬세하고 심도 깊은 배려 그리고 〈브랑쿠지 미술관〉 등에서 보이는 자연주의적인 특성은 미술관마다의 고유한 형태로 계승되어 왔다. 이 〈바이엘라 재단 미술관〉에서는 공중에서 바라보았을 때, 더욱 진전된 자연주의의 모습, 그리고 유리와 철제의 사용을 통한 기술주의적 특성과 같은 수법이 전개되어 있다. 이러한 설계 특성은 렌조 피아노 자신이 그의 디자인 교의나 개인적인 디자인 언어에 구속되지 않고 각각의 건물이 속하는 장소, 프로그램, 그리고 국적을 불문하고 그 시점에서 그 대지에서 이용 가능한 기술의 잠재력을 솔직하게 따르고 있는 것을 보여준다.

| 프로그램 및 동선순환체계 |

이 건물은 교통량이 많은 간선도로와 농업 용지를 위해서 당연히 보호되고 있는 구획과의 사이에 있는 긴 대지에 위치하고 있다. 대지는 바젤 북측 근교의 리헨에 있는 영국식 정원의 베로우바 공원의 일각이며, 옆으로 긴 세장한 대지는 긴 벽에 의해 둘러싸여 있으며, 주변에는 100년 가까운 노목들이 식재되어 있다. 건물은 대지의 형상에 따라 남북으로 긴 형상으로 이루어져 있으며, 서측은 공원, 동측은 가로에 면하고 있다.

건물은, 상호대립 하는 2개의 테마를 나타내고 있는데, 그 하나는 길게 늘여진 솔리드 벽이며, 다른 하나는 밝은 유리 지붕이다. 모든 외벽은, 아르헨티나 산의 적반암으로 덮여 있다. 이 건물은, 대략 7m 간격으로 늘어선, 길이 120m의 4개의 내력 벽 위에 지지되어 있으며, 양단의 외관은 개구부가 설치되어 밖의 뜰을 바라볼 수 있다. 건물 안에는 서점, 관리실, 화장실 등과 함께 전시실로 구성되며 이 곳으로 연결되는 도로에 접하여, 창이 없는 벽이 길게 늘어서 있다. 렌조 피아노는 이 벽을, 여기에 건물 전체가 기초를 두는, 일련의 "등뼈", 혹은 "형성기의 영역"이라고 설명하고 있다. 이 긴 벽의 반대측에는 밖을 바라볼 수 있어 관람자가 휴식할 수 있는 장소로서 설계된 윈터 가든이 있다. 미술품을 전시하는 전시실은 대략 7×

11m로 이루어지며 실에 따라서는 그보다 약간 큰, 균형이 잘 이루어진 그리드를 기본으로 하여, 2개의 긴 벽에 의해 단락 되고 있다. 전시실은 직선적으로 배열된 것이 아니라, 관람자가 용이하게 관내를 돌아 볼 수가 있도록 고려해 배치되고 있다. 〈바이엘라 재단 미술관〉의 또 다른 특기 할 사항은, 건축가와 소유자 모두, 전시실을 위한 절대적인 정숙이라는 목표를 철저히 요구한 것이다. 특히 "호화로움, 정적, 감성"이 디자인상의 주요 요구로서 제시되었다. 기술상 혹은 디자인상의 막바지 달콤함에 의해 이러한 요구가 어지럽혀지고 있는 곳은 없으며, 주의 깊게 설계된 벽과 천정과의 상호작용과 희미하게 채색 된 프렌치 오크의 마루가, 그것을 강하게 강조하고 있다.

전체 전시 공간의 대략 1/3은 콜렉션의 상설 전시에 인접해 행해지는 기획전시를 위한 스페이스이다. 계속된 외부 계단이 인접한 윈터 가든으로부터 311㎡의 다목적 홀이 있는 지하층으로 연결되어 있다. 이 홀도 또한 기획전시를 위해 이용 가능하다.

| 구조 시스템 |

이 건물에서는 전체적으로 자연광이 도입되고 있다. 그 중에서도 지붕의 설계에 최대의 주의가 기울여져 있다. 건물전체를 뒤덮은 유리지붕에서 채광된 빛을 자연 그대로의 상태로 도입되도록 콘트롤하는 것이 지붕 구조 시스템의 주안점이었다. 기후의 추이나 시간의 흐름에 따라 갖게 되는 내부환경의 미묘한 변화나 분위기의 변화를 존중하고 빛을 방향 지워 조절하기 위한 것이 주요 목적인 것이다. 그 때문에 지붕 전체는 유리와 스틸만으로 이루어져 있으며, 그 투명성과 개방성 그리고 명쾌한 경량성을 건물에 부여하고 있다. 건축주가 요구한 "호화로움, 정적, 감성"이라는 주제에 대해 렌조 피

아노의 회답은 중력 제로의 착각, 즉 약 4,000㎡의 유리 지붕이 지상 8m 높이에 무중력으로 부유해 있는 듯한 느낌을 부여하는 것이었다. 이와 같이 요트의 돛과 같이 생긴 3각형의 연속된 유리 톱 라이트는 녹지의 숲을 배경으로 110m나 연장되어 있으며 건물에 훌륭한 인상을 부여한다.

지붕 가구는, 건물 전체에 자연 광의 경사 입사를 의도하여 4000㎡의 유리 지붕에 자연의 빛을 확산하기 위한 조치가 취해졌다. 유백색 빛으로 균일화해 되어 버리는 종전의 톱 라이트와는 달리, 이 건물의 지붕은 오히려 자연 그대로의 상태의 빛을 내부로 끌어들이고 있다. 경사광이 부족한 경우에는, 세 종류의 인공 광원이 전시실을 조명한다.

렌조·피아노가 만들어 낸 이 건물은 예술을 질식시키는 것이 아니라 오히려 그것에 봉사하는, 억제 효과가 있는 우아함을 지닌 건축 작품이라 할 수 있다.

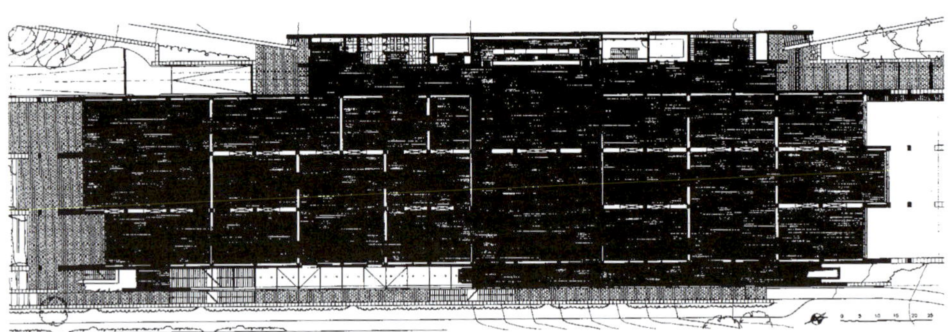

배치도

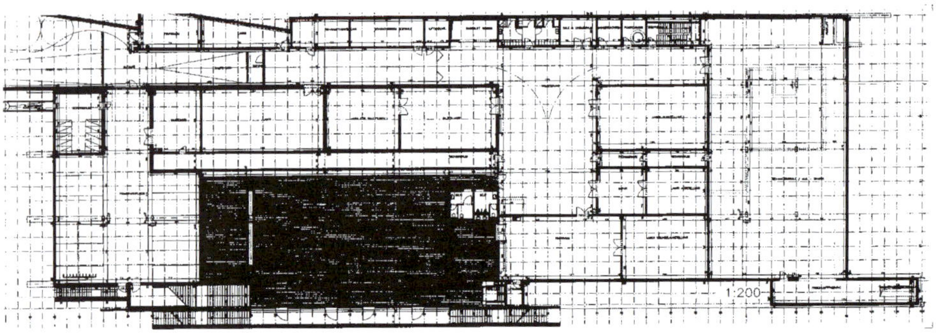

지하 평면도

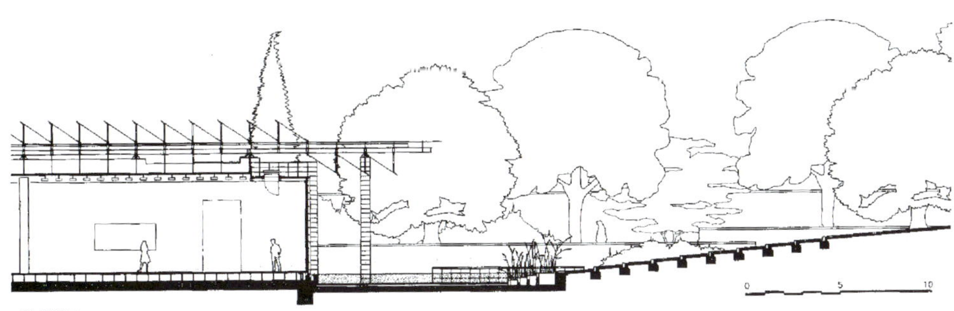

횡 단면도

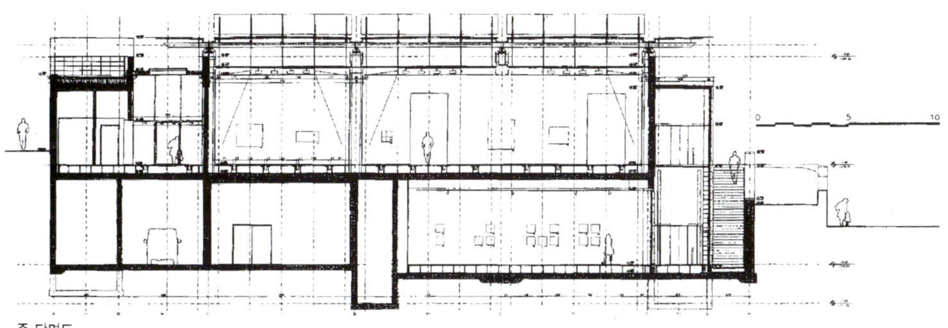

종 단면도

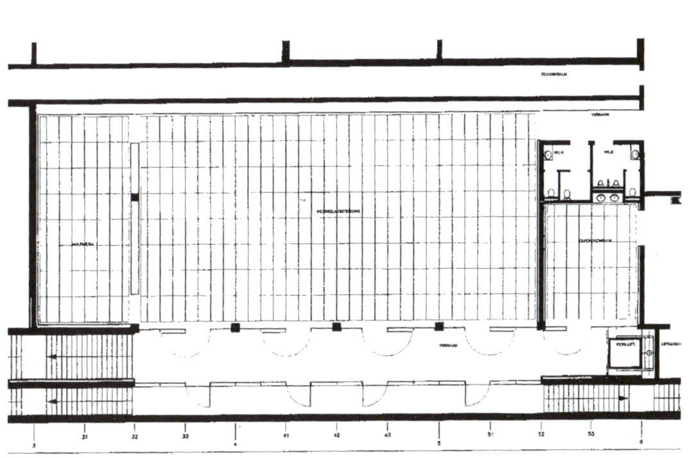

상세 평면도

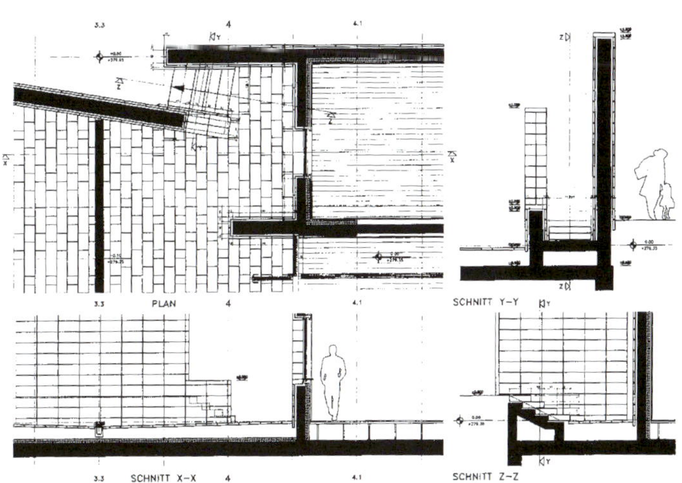

상세도

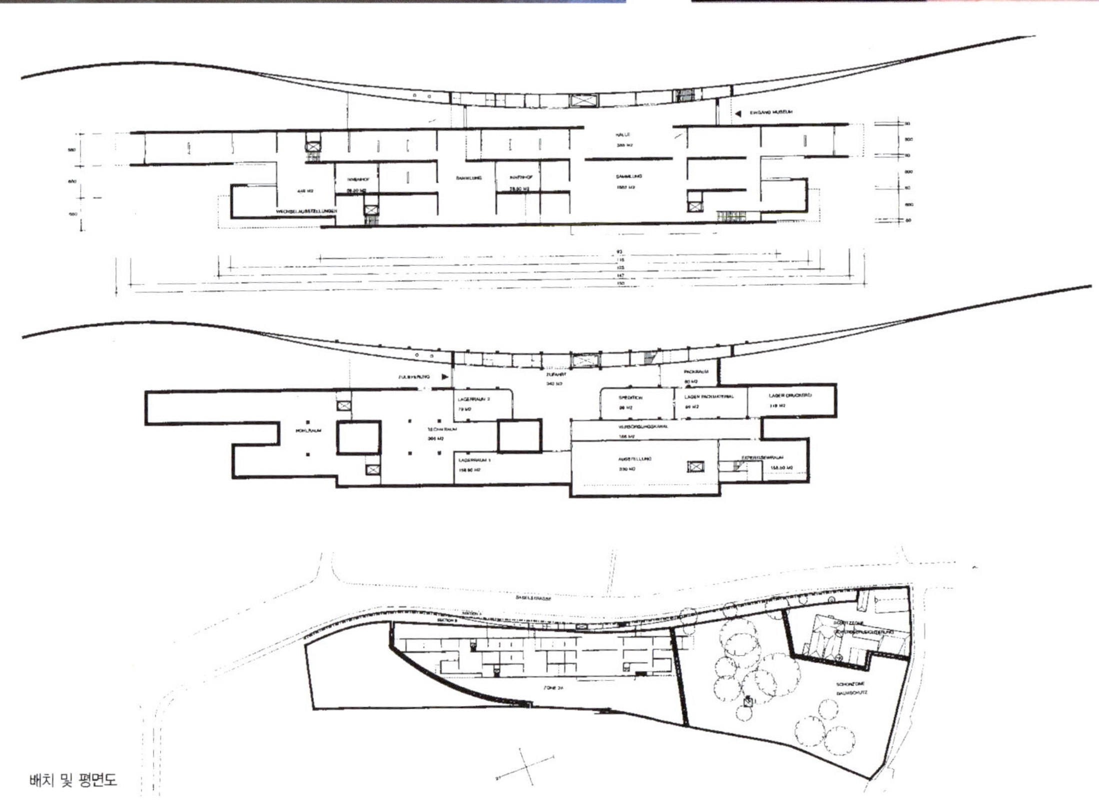

배치 및 평면도

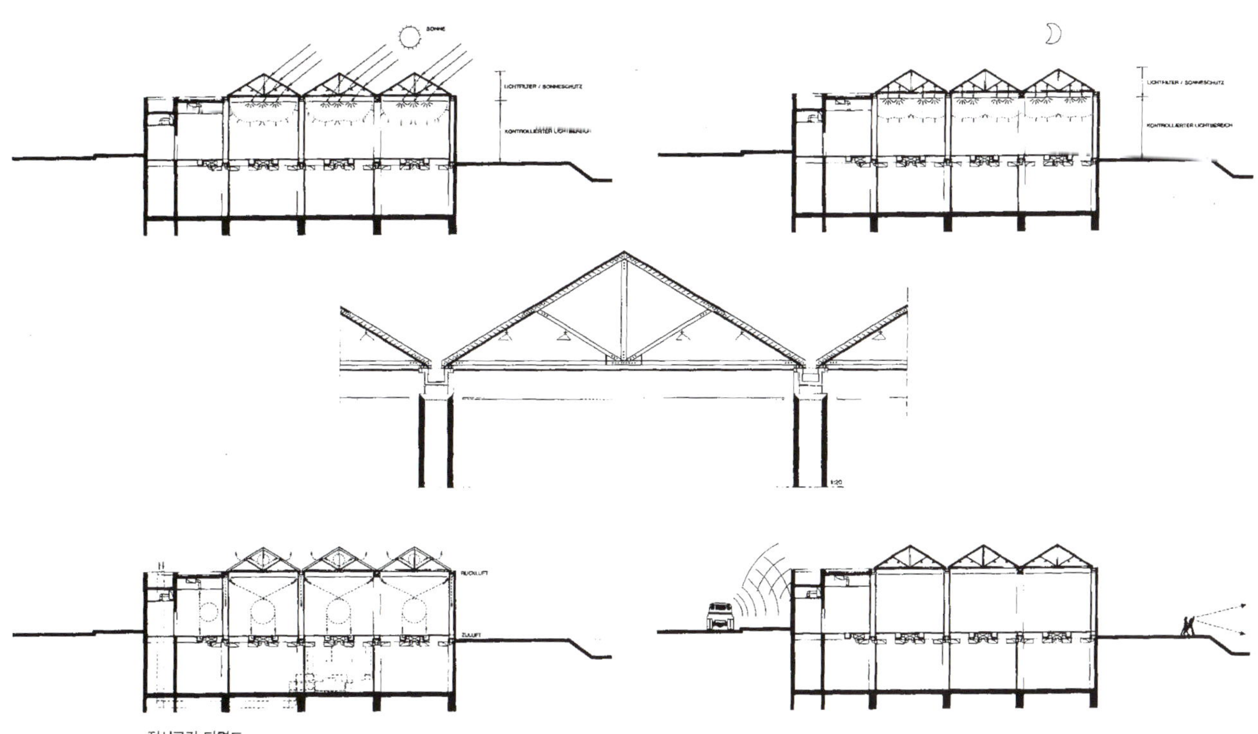

전시공간 단면도

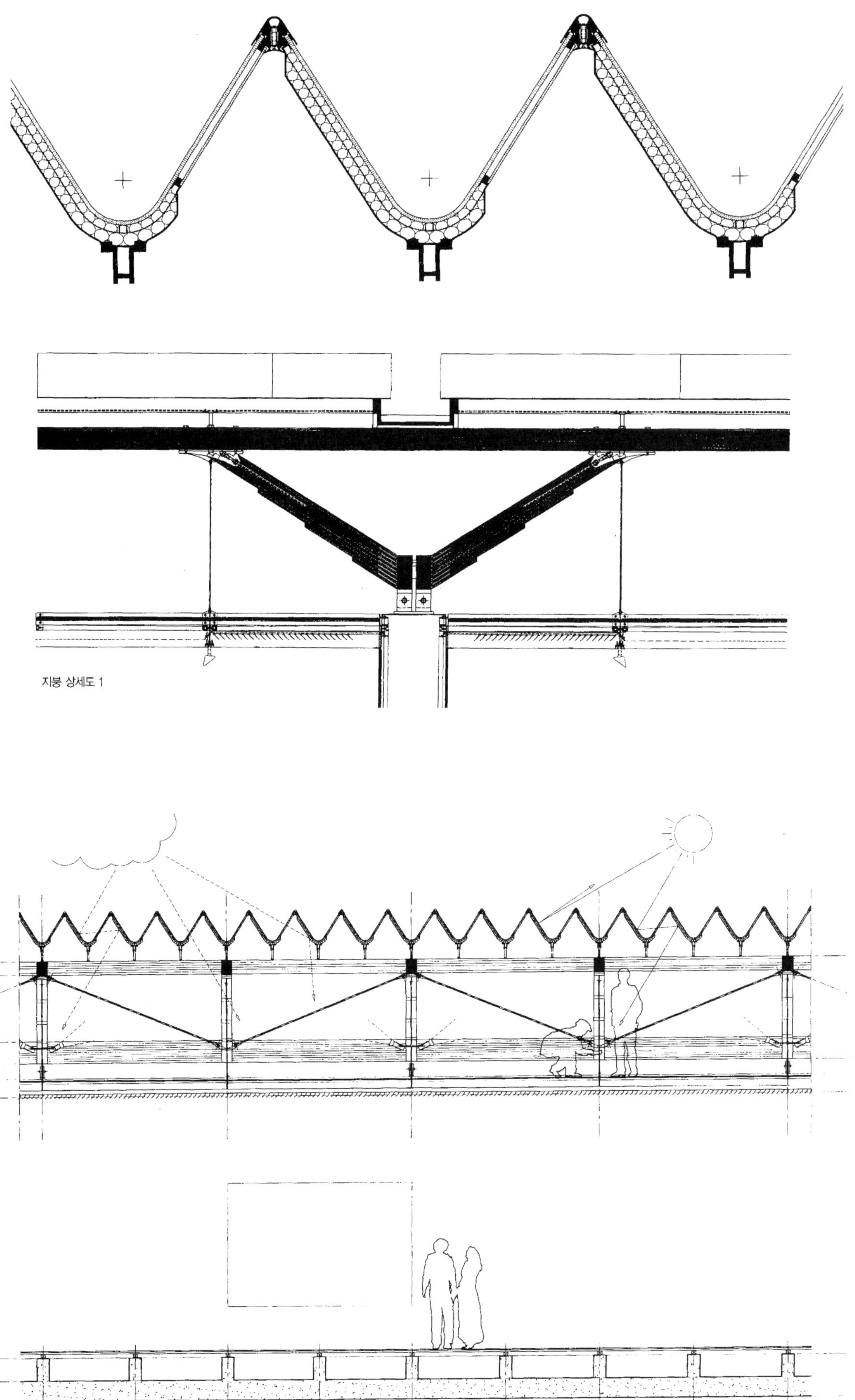

지붕 상세도 1
전시실 단면 상세도

오스트리아 북부 도시 중 하나인 세인트 폴텐(Saint Polten)에는 일련의 건축적 실험이 벌어지고 있는 현장이 있다. 북부의 신흥 도시답게 구 시가지와 신시가지의 접점에서 두 곳을 완충하고 문화적 맥락을 이어주는 일련의 건축 행위가 활발히 이루어지고 있는 곳이 바로 프란츠-슈베르트-프라츠(Franz-Schubert-Platz)에 있는 문화시설 군(群)이다. 이곳에는 한스 홀라인의 작품은 물론 캐린 빌리(Karin Bily), 폴 카츠버거(Paul Katzberger), 마이클 로돈(Michael Loudon), 그리고 오스트리아의 그라츠(Graz)를 근거지로 활동하고 있는 클라우스 카다(Klaus Kada) 등이 디자인한 콘서트 홀, 뮤지엄, 전시장, 도서관 등이 문화 콤플렉스를 이루고 형성되어 있다. 한스 홀라인은 이 도시의 문화지형도를 작성하고 마스터 플랜을 위한 국제현상설계에서 당선함으로서 자신의 새로운 건축적 실험을 이어나가고 있다.

초기 마스터 플랜은 현상설계에서 한스 홀라인이 당선되었으나, 그의 손으로 디자인된 건물은 이 니더뢰스터리히 뮤지엄과 전시홀(Niederosterreich Museum and Exhibition Hall) 뿐이다. 광장을 중심으로 주변에는 음악 콘서트 홀(Kalus Kada)과 도서관 그리고 아카이브(Archiv)가 있으며 이를 포함한 4개의 주요 건물이 각각 독립된 유니트로서 계획되었다. 이들 건물의 상호관계는 하나의 통일적인 조화로 생각될 수 있는데, 그 이유는 광장을 중심으로 남면했을 때, 한스 홀라인의 뮤지엄과 클라우스 카다(klaus Kada)의 콘서트 홀 그리고 케린 빌리(Karin Bily)의 도서관이 광장을 눌러싼 도시적 스케일로 계획되었다는 점, 그리고 이들 건물이 각각 다른 규모로 디자인되었으나 건물의 높이나 전면 폭 등과 같은 스케일이 거의 균등한 도시적 스케일로 계획되었기 때문이다. 또한 전면 디자인에서 보이는 전혀 다른 재료들의 사용, 예를 들면 클라우스 카다의 유리 전면부, 한스 홀라인의 철재로 이루어진 가설 부재의 디자인, 케린 빌리의 콘크리트에 석재로 마감한 단순한 입방체가 도시의 건축적 다양성을 표현하고 있는 것이다.

Hans Hollein의 건축사고방식

: 항공모함에 관한 명상– Hans Hollein의 멘헨그라트바흐

"한스 홀라인(Hans Hollein)을 공정하게 평가하기 위해서는 빈의 현실을 무시할 수 없다. 그 곳에서는 오래된 전통과 현실에 대항하는 혹은 현실을 대신하는 것으로서의 건축적 배경에 관한 고도로 발달된 감수성의 전통이 남아있다. 바로크 또는 그 이전으로 소급해 가면, 음악과 건축에 있어서 표현매체의 양의성(합스부르가(家)에 의해 가해진 문학의 억압으로부터 일어난)은 명백한 현실의 표현보다도 애호되어, 집단과 개인의 심리상태를 반영하게 되었다. 합스부르가의 장례 행렬과 피레이드는 제1차세계대전 전에 일어난, 그리고 미술에 있어서는 빈 분리파에 반영되고 있는 귀족—상류 부르조아 사회의 종말을 예기하는 것이었다. 빈 현실을 미적으로 과장하는 전통과 인공적으로 관계를 단절하는 오랜 습관이 있다. 몽타지, 꼴라쥬 부조화, 강렬한 암시 등 속박에서 해방된 인용은 언어 안에서만 이루어지는 것은 아니다."

Friedrich Archleitner 빈의 입장 (Lotus 29, 1981)

한스 홀라인(Hans Hollein)

1

1980년 베니스 비엔날레 건축 부문 전시를 위해 파올로 포르토게시(Paolo Porthogeshi, 1931~ , 이탈리아 신합리주의 건축가, 로마대학 교수)가 개최한 스트라다 노비시마(strada novissima, 최신의 가로)에 전시된 한스 홀라인의 작품은 인상적인 전시실의 입면에 뒤섞여, 전시 벽면의 기둥을 변형한 것이었다. 이 기둥은 우선 그 기둥 자체로 표현되며, 다음은 인상으로 잔혹하게 베어진 나무로, 그 다음은 하나의 건축물로 아돌프 로스(Adolf Loos, 1870~1933, 오스트리아 건축가, 근대 초 건축에서 장식을 부정했음)에 의해 1922년 시카고 트리뷴 현상설계에서 이루어진 기둥 모양의 건축물과 같은 이미지를 지니면서, 그 자체로는 폐허화 된 "부정(negation)"으로 표현되고 있었다. 이 "부정"은 입구를 설치하기 위해 기둥을 파열시켜 공중에 매달아 놓은 것에서 분명히 나타난다. 마지막으로 이 기둥은 자연과 문화의 양의적인 기호로 표현되어 있으며, 장식적으로 전시된 정원수를 원래 있었던 석주(石柱)의 윤곽을 본 따 만들어진 무성한 수목형태에 의해 분명하게 표현되고 있다.

2

3

1 과거의 현재화 / 베니스 비엔날레 1980
2 레티 양초 상점
3 부티크 크리스타 메텍
4 리차드 L. 훼이건 화랑
5 섹션 N
6 슐린 보석점

4

5

6

기둥에 있어 앞서 언급한 도상학적인 대치(代置), 혹은 전도(顚倒)에 대한 동일한 관심은 한스 홀라인(Hans Hollein)의 경력 전체를 통해 언제나 중심적인 위치를 점유하는 사고방식이었으나, 최근에는 그의 작업이 이전보다 대형화함에 따라, 그의 작품 안에서 자극을 부여하는 원리가 되었다.

홀라인의 직업 또는 예술적인 역할은 항상 복잡하고 특이한 것이었다. 달리 말해, 항상 일종의 양의성, 양면성이 존재하고 있어 자극적이면서도 작업에 방해가 되기도 하였다. 즉, 양의성의 한쪽 측면에서 보았을 때, 그는 빈의 건축학교인 바우아카데미(Bauakademie)에서 공부하였으므로, 어떤 의미에서 정통 건축가이다. 다시 말해, 건축의 역사, 건축 기술의 성쇠에 대해 극히 정확하고 유능하며 박학한 분위기에서 자라난 것이다. 다른 한편으로, 그는 항상 예술 쪽에 가깝게 있었다.

즉, 자신을 도상학자로 보고, 정의 불가능한 일, 다시 말해 건축이 말을 한다는 사실을 성취하려는 유혹을 받아들이고 있었다. 그것이 초기의 대지에 놓여진 항공모함의 풍자적인 사진 몽타쥬라든가, 최근에 이르러서는 빈의 〈공예미술관〉의 증축 때문에 고안된 대중적인 배경법의 처리에서, 그는 자신의 시간과 친밀한 감각 안에서 "말하는 건축"의 전 영역에 이르려고 시도해왔다. 나는 그가 링 스트라스의 고전적인 배경을 터키인이 빈을 포위한지 300주년 기념 축하에 대한 적절한 배경으로 개조했던 것을 말하고 있는 것이다.

이렇게 적절하게 고안된 작업을 통해, 홀라인의 특이하고 빛나는 탈렌트를 보여 주고 있다. 그는 2개의 부분과 2개의 스케일을 사용하여 대단히 큰 효과를 만들어낸, 〈예술가의 집〉의 고전적인 현관을 터키인들의 전투용 텐트로 덮으려는 아이디어를 사용했는데, 하나는 현관 상부에 부착된 인물상에 걸려있는 텐트이고, 또 하나는 고전적 입구의 양단에 대칭으로 배치된 약간 큰 텐트이다. 이러한 병치가 만들어낸 은유와 환유의 확산에 사람들은 놀라고 있다. 한편 터키인은 고전적인 빈을 정복하려고 돌아온 사람들로 표현함으로서, 역사를 돌이켜, 동양적 가치에 대한 서양적 가치의 우위라는 가정에 다시 한번 도전하고 있는 것처럼 생각된다. 한편, 내부에서의 유희는 텐트와 근처에 있는 오토 와그너(Otto Wagner, 1841-1918, 빈 분리파의 대표 건축가)의 칼스플라쯔 역의 가벼운 에나멜로 도장된 철제 피막 사이에서 전개되어 사람들의 마음은 텐트와 건물 간에, 캔바스와 돌 사이에, 가벼운 것과 무거운 것 사이에, 압축된 피막과 고전적 석재가공법 사이를 바쁘게 오가게 된다. 고전 건축의 재료로서 돌에 주어진 우선권은 이와 같이 스쳐 지나가는 환유적 참조에 의해 격렬한 도전을 받고 있는 것이다.

홀라인은 감각적이고 일시적인 상징의 폭넓은 범위 내에서 자유롭게 즐길 수 있는 극장적 문맥 혹은 일용품적 문맥 속에서 항상 여유롭게 지내곤 했다. 그의 전위, 그리고 대중문화에 대한 선호는 전시장 디자인 혹은 상류계급의 소비주의를 중개하는 서비스에 있어, 가장 쉽게 접근될 수 있을 것이다. 따라서 그의 신고전주의에 대한 선호와 아돌프 로스(Adolf Loos)에서 쉰켈(Karl F. Schinkel, 1781-1841, 독일 신고전주의 건축가)에 이르는 휴머니즘의 주류에 대한 강렬한 감정에도 불구하고, 멘헨그라트바흐 시립미술관에서 입증되고 있듯이, 그는 서양건축의 기념비적인 유산 속에서 이상하게 어울리지 않는 것처럼 느껴진다. 멘헨그라트바흐 시립미술관은 엄밀히 말해 건축작품이 아니다. 실제로 루디 푸크스(Rudi Fuchs, 건축비평가)가 간파했듯이, 적어도 외관에 대해서는 분명 구축적인 질서의 작품이기 보다는 오히려 하나의 복잡한 조각이라 할 수 있다.

한스 홀라인의 〈멘헨그라트바흐 시립미술관〉은 4개의 다른 해석을 요구한다. 첫째, 예술을 숭상하는 한 인간에 의해 디자인된 미술관. 둘째, 축소된 도시로. 셋째, 특징적인 타블로(tableaux)의 분절된 시리즈로. 넷째, 폐허화된 성의 풍경으로 해석되어야 했다. 건축적으로 말해, 홀라인의 성공적인 디자인은 전통적인 미술관의

니더로스테르라이히 뮤지엄

종렬 배치와 근대의 자유로운 평면의 개방적인 미술관 공간을 조정하는 것에 있다. 미술관 공간에 동일한 접근을 함으로서, 폐쇄형 전시공간의 크로버 잎 같은 평면이 4각형의 전시실과 주 계단, 경사로, 엘리베이터, 기계 서비스 시설, 피난시설이 포함된 서비스 접근로의 공간을 교묘히 결합시키고 있다. 이 하부구조를 가로지르는 대각선상의 동선을 제한하여 각 레벨에서 전시장의 연속성에 긍정적인 변화를 줄 수 있었던 것이다.

미술작품의 전시와 관람자의 감상이라는 관점에서, 멘헨그라트바호 시립미술관은 전시공간의 1/3이상이 천창 채광을 실시한 매우 교과서적인 디자인임을 알 수 있다. 이 건물에서는 모든 채광 지붕이 북향으로, 미술관 디자인의 전통적인 수법을 따르고 있는 것이다. 그러나 홀라인은 자연조명이라는 전통을 고집하는 한편, 인공조명을 부착하여 보다 다양한 게임을 하고 있다. 종종 천창에 네온의 기하학적 구성을 만들어 넣거나 스포트라이트, 또는 격자의 조명에 네온의 격자를 결합시키고 있다. 특별한 볼륨에 따라 조명방법에 변화를 줌으로서 홀라인은 전혀 다른 특징 있는 장(場)을 만드는데 성공한다. 이 장(場)은 장방형의 기념비적인 특별전 시실에서 반 입방체의 미로상의 상설전시실로, 폐쇄형의 전시실 주변으로 흐르는 유기적인 홀 공간의 가동 칸막이를 갖춘 기획 전시홀과 천창으로 채광되는 여분의 빈 공간에 이르기까지 미치고 있다. 미술작품이 필요로 하는 것이 4개의 벽과 자연광의 천창 채광이라는 관점에서 볼 때, 이 건물은 많은 점에서 이상적인 미술관인 것이다.

8

9

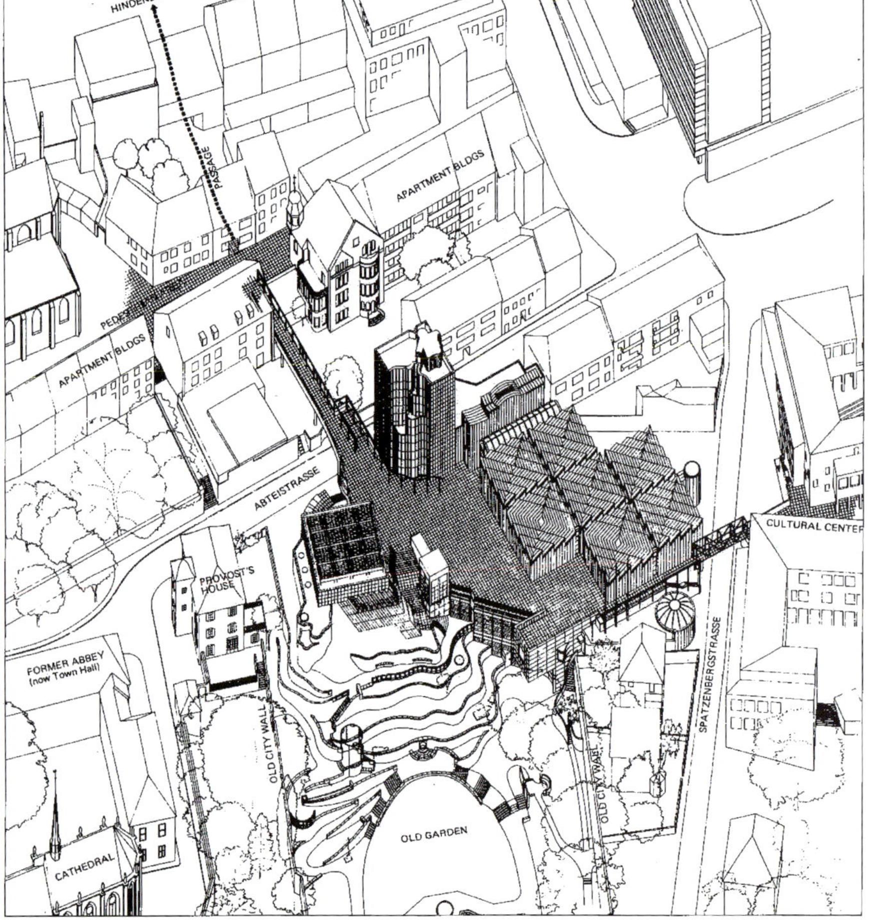

7

7 멘헨그라드바흐 시립 미술관 / 액소노매트릭 드로잉
8 멘헨그라트바흐 시립 미술관 / 정원에서 바라봄
9 멘헨그라트바흐 시립 미술관 / 카페테리아의 돌출부분
10 멜히롱츠도르프 타운 홀 / 회의장
11 오스트리아 여행대리점 남부지점

도시의 축소로서의 미술관에 있어서, 보다 광범위한 문제점도 대두된다. 그것은 〈멘헨그라드트바흐 시립미술관〉에서는 마치 각각의 무대배경이 전혀 다른 성격을 요구하는 것과 같이, 타블로의 시리즈로서 다른 기능들을 연결한다는 홀라인의 생각에 긴밀하게 관련되어 있다. 홀라인이 최초로 이 수사학적인 접근을 대규모 공간에 적용한 예로는 1978년에 완성한 빈의 오스트리아 여행대리점의 실내에서였다. 〈멘헨그라트바흐 시립미술관〉에서는 시대에 적합한 미술관을 만들기 원하는 건축주(Johannes Cladders)의 감성을 통해, 홀라인은 탐험을 강요하는 복잡한 미로로서의 미술관으로 묘사할 수 있었던 것이다. 그 때문에 이 내부공간은 소설가 레이몬드 럿셀(Raymond Roussel)의 저서 『로쿠스 솔루스(Locus Solus)』의 순환하는 단편 이야기에 나오는 캔터렐의 공원에서 보이는 것처럼 이상한 전시를 찾는 방문객들 앞에 전개되는 것이다.

종종 홀라인의 미로는 사람을 앵무 조개처럼 별세계로 빠져버리게 하든가 아니면 꿈꾸는 듯한 공원의 유리에 비친 전경 앞에서 꼼짝도 않는, 축소형 전망대의 틀에 끼어버린 자기 자신을 발견케 되는 둘러싸인 공간에 개방되어 있다. 이것들은 홀라인의 장면 설정 중에서도 보다 극적인 에피소드에 속하지만, 장 전체에, 즉 외부 테라스를 향해 개방된 정원 레벨에 있는 즉물적인 카페로부터 모호한 나폴레옹 시대 분위기의 적색, 청색의 기구기 비치된 인접한 심린더형의 강의실에 이르기까지, 동일한 작은 사건으로 가득하다. 이와 동일한 원리는 하부 레벨에 있는 원형 전시 공간에도 적용되고 있다. 마지막으로 럿셀 분위기의 분절적 접근 방식은 계획 전체를 통합하는 유일한 원리이다. 그것은 마치 가변적인 삽화의 세트들처럼 조립되어 있는 것이다.

이와 같이, 사람들은 상부 보행자 테라스의 금색 장식문자로 "미술관 입구"라고 새겨진 석재의 기념비적인 정사각형의 현관을 통하여, 그리고 대리석으로 마감된 바로크 식의 계단을 통하여 주 층까지 내려가고 있다. 〈멘헨그라트바흐 시립미술관〉에서 가능한 모든 순회로는 곧 단편 이야기가 한 순간에 정지하는 이 한 점으로 회귀하는 것이다. 즉, 그 점은 안내 카운터의 유기적인 곡선과 주 계단에 이르는 동심원 계단 사이에서 일순간의 정체가 생긴다

10

니더로스테르라이히 뮤지엄

·는 짧은 에피소드이다. 표준적인 미술관과는 달리, 〈멘헨그라트바흐 시립미술관〉은 순회로의 패턴이 많고 적고 간에 이미 정해진 고정된 공간의 연속으로 구성되지는 않았다. 보안설비와 양립할 수 있는 한도 내에서 그것은 도시의 축소로서 구상되어 있으며, 전통적인 도시에서와 같이 사람들은 1개소 이상을 미로로 들어가 자력으로 공공시설의 다른 시퀀스와 매혹적인 즐거움을 찾아낼 수 있는 것이다. 그리하여 이 미술관의 실내는 미술품의 계몽적인 창고로서가 아닌 오히려 다른 쾌락에 혼합되어 미술과도 만날 수 있는 도시의 장이 되고 있다.

앞서 언급한 바와 같이, 미로적이고 삽화적인 성질은 건물 외관의 성격도 결정하며, 그 외관은 일종의 폐허화된 방파제 혹은 달 표면과 같은 요새의 형태로, 인접하는 공원의 지형에서 융기된 것처럼 보인다. 또한 성격을 부여하는데 있어 고정된 시간을 의미하는 것은, 전체 건물을 양립할 수 없는 참조 항목들의 대립 세트사이를 끊임없이 동요시키기 위해 의도적으로 회피하고 있다. 따라서, 미술관은 기하학적인 동시에 유기적이며, 이미 존재하면서도 동시에 새롭고, 고전적인 동시에 구성주의적이며, 석재인 동시에 금속적이며, 집합적인 동시에 단편적이기도 한 것이다.

루디 푸크스(Rudi Fuchs)가 언급하듯이, 〈멘헨그라트바흐 시립미술관〉은 하나의 조각이라고 볼 수 있다. 그러나 보다 적절하게 말하면, 그것은 초현실주의적인 성체로 간주할 수 있을 것이다. 그것은 마치 홀라인의 초기 사진 몽타지에서 항공모함이 곧바로 지표로 잠겨버린 듯하며, 그것은 세련되고 픽춰레스크한 감성이 원시와 흙을 향한 감정과 결합된 거친 용암이 쌓여 있는 지형을 뒤로하고 있는 것이다. 결국 사람들은 오래된 대지의 조경이 어디서 끝나고, 어디서 새로운 건물과 토루가 시작하는지 분간을 못하게 된다. 표현주의적이고 파도치는 벽돌재 옹벽은 하부의 정형화된 정원에서 경사진 언덕까지 올라오고 있다. 그것은 옛 건물이 끝나고 새로운 작품이 시작하는 곳의 경계를 흐리게 함으로서, 어떤 의미에서는 훌륭한 맥락의 건물을 만들고 있다. 그러나 이러한 모든 조각과 꼴라쥬는 희생을 치르고 있다. 그것은 사람들이 주변이나 건물옥상 테라스를 걷고 있을 때, 미술관의 직교형 질서를 인식할 수 없다는 것이다. 그 이유는 건물에 사용된 재

12 슐린 보석점 2
13 루드비히 벡 트럼프 타워 상점
14 전시회: 휴머니즘–반휴머니즘

료의 이상한 병치, 아연 칠된 채광지붕이 부분적으로는 재료 자체에 의해, 부분적으로는 세세하게 조각난 톱날 형태에 의해, 비물질화되어 있기 때문이다. 톱날지붕은 구성주의적인 분절에도 불구하고 금속의 매스로 처리되어 버리고, 파도치는 토루의 다른 부분과 같이 용해되어 유기적으로 화해버렸다.

이와 같이, 〈멘헨그라트바흐 시립미술관〉이 성공적인 것은 역설적으로 그 실패와 부분적으로 결부되어 있다. 왜냐하면, 관리동과 주 현관이 석재 치장용으로 마감되어 있음에도 불구하고, 이 미술관은 주변의 마을에 있어 실제 공공시설로 인식되지 않기 때문이다. 공공시설로 만들기를 거부한 이유는, 내가 아는 한 건축가, 건축주 어느 쪽에서도 상세하게 설명되지 않고 있다. 따라서 의식적이든 아니든, 독일의 과거에 대한 과민한 이유 때문에, 도시의 기념비로 세워지는 것을 피했다는 결론을 내릴 수밖에 없다. 독일에서 기념비는 억압적인 국가의 잔혹함과 동일어이다. 이 점에서 〈멘헨그라트바흐 시립미술관〉은 문화를 대중적 오락의 다른 형태로 표현하는 근대 복지국가의 전략과 타협하고 있다고 말할 수 있다. 다원론적 시대에 있어, 건축을 평가하기 위한 기준은 여러 가지가 있지만, 이탈리아의 신 합리주의 운동의 도전적인 비평에 대응하지 않으면 안된다.
만일 죠르죠 그라시(Giorgio Grassi, 이탈리아의 신 합리주의 건축가)의 논설과 같이, 우리들이 진로를 스스로 정하고, 건축 스스로의 책임은 도시의 기념비를 만드는 것이며, 공공 경관의 공간을 정착시키는 것이라고 인정한다면, 이 건물은 모든 점에 있어 부적격이라고 간주될 것이며, 실험적이고, 전위적이고, 비유적이며, 문학적이라고 생각되기 때문일 것이다.
한마디로 말해, 그러한 논의는 이러한 건축의 틀 밖에 있다고 말할 수 있을 것이다. 지형적, 도시적인 기초를 갖지 않고서도, 홀라인의 빛나는 합성 작품은 확대되는 무언의 땅의 장(場)을 점유하는 것이다. 실제, 그와 같은 작품은 일반적인 분류법의 틀을 벗어나고 있다. 홀라인의 전 작품과 마찬가지로, 〈멘헨그라트바흐 시립미술관〉은 세심하게 마무리되고, 정교한 디테일로 처리되어 있다. 그것은 하나의 미술작품으로 평가되며, 미술을 전시하는 이상적인 건물로 간주되지만, 건축에 대한 궁극적인 공헌은 의문으로 남아 있다.

작품설명

| 디자인 컨셉 |

오스트리아 북부 도시 중 하나인 세인트 폴텐(Saint Polten)에는 일련의 건축적 실험이 벌어지고 있는 현장이 있다. 북부의 신흥 도시답게 구 시가지와 신 시가지의 접점에서 두 곳을 완충하고 문화적 맥락을 이어주는 일련의 건축 행위가 활발히 이루어지고 있는 곳이 바로 프란츠-슈베르트-프라츠(Franz-Schubert-Platz)에 있는 문화시설 군(群)이다. 이곳에는 한스 홀라인의 작품은 물론 캐린 빌리(Karin Bily), 폴 카츠버거(Paul Katzberger), 마이클 로돈(Michael Loudon), 그리고 오스트리아의 그라츠(Graz)를 근거지로 활동하고 있는 클라우스 카다(Klaus Kada) 등이 디자인한 콘서트 홀, 뮤지엄, 전시장, 도서관 등이 문화 콤플렉스를 이루고 형성되어 있다. 한스 홀라인은 이 도시의 문화지형도를 작성하는 마스터 플랜으로 국제현상설계에서 당선됨으로써 자신의 새로운 건축적 실험을 이어나가고 있다.

오스트리아 빈을 중심으로 활동하던 홀라인에게 있어 빈의 전통적이고 오래된 관습을 타파하기 위한 돌파구로서 이 곳에서의 디자인은 상당히 의도적이라 할 수 있다. 다시 말해, 1980년 중반 이후 계속된 환상적이고 은유적이며 포스트 모던의 역사주의를 환기시키는 디자인 수법은 1990년 이후 점차 변화되어 상업성이 배제되어 가는, 다소 해체적인 분위기를 띄면서, 건축의 형식성과 재료 및 마감부 색채의 지역적인 특성이 강하게 표현되고 있는 것이다.

은유적이되 자의적이지 않은 디자인 수법은 일련의 건축 실험으로 인식되기도 하며 형식성으로의 회귀, 즉 형식적 모던 또는 포스트모던으로의 회귀가 아닌, 건축물의 기초적인 프로그램과 대지의 상응관계에 근거한 볼륨으로서의 매스 처리 방식을 통해, 과감히 실현되고 있는 것이다. 이러한 실험이 오스트리아의 신흥 도시에서 이루어지고 받아들여진다는 사실은 한스 홀라인의 건축이 갖는 새로운 가능성일 것이다. 이미, 〈프랑크푸르트 시립 미술관〉에서 보여준, 삼각형 부지의 미술관은 전시공간과는 무관한 미술관으로서의 형식성만을 강조한 디자인으로 인식되기 쉽지만, 대지와 주변부에 대한 세심한 고려와 도시적 맥락에서의 재료의 사용 또는 매스의 처리라는

새로운 접근방식을 보여주는 대표적인 사례라 할 수 있다. 그러나 어김없이 사용되는 은유 또는 건축적 유머는 그가 포스트모던이라는 넓은 의미의 범주에서 활동하고 있다는 사실을 시각적으로 보여주는 증거이기도 하다. 한스 홀라인의 세인트 폴텐에서의 이러한 건축적 실험은 그러한 의미의 연장선상에서 이해할 수 있다. 2002년 7월 현재, 이곳에서는 뮤지엄의 증축공사가 한창이며, 광장에서 보았을 때, 오른편 증축 동에서는 홀라인의 변화된 건축적 특성을 한눈에 파악할 수 있는 디자인을 경험할 수 있다.

초기 마스터 플랜은 현상설계에서 한스 홀라인이 당선되었으나, 그의 손으로 디자인된 건물은 이 니더로스테르라이히 뮤지엄과 전시 홀 (Niederosterreich Museum and Exhibition Hall) 뿐이다. 광장을 중심으로 주변에는 음악 콘서트 홀(Kalus Kada)과 도서관 그리고 아카브 (Archiv)가 있으며 이를 포함한 4개의 주요 건물이 각각 독립된 유니트로서 계획되었다. 이들 건물의 상호관계는 하나의 통일적인 조화로 생각될 수 있는데, 그 이유는 광장 중심에서 남쪽을 향할 때, 한스 홀라인의 뮤지엄과 클라우스 카다(Klaus Kada)의 콘서트 홀 그리고 케린 빌리(Karin Bily)의 도서관이 광장을 둘러싼 도시적 스케일로 계획되었다는 점, 그리고 이들 건물이 각각 다른 규모로 디자인되었으나 건물의 높이나 전면 폭 등과 같은 스케일이 거의 균등한 도시적 스케일로 계획되었기 때문이다. 또한 전면 디자인에서 보이는 전혀 다른 재료들의 사용, 예를 들면 클라우스 카다의 유리 전면부, 한스 홀라인의 철재로 이루어진 가설 부재의 디자인, 케린 빌리의 콘크리트에 석재로 마감한 단순한 입방체가 도시의 건축적 다양성을 표현하고 있는 것이다.

한스 홀라인의 박물관과 전시홀은 공통의 로비를 통해 연결되어 있으며, 별개의 건물로 보이지는 않는데, 이곳의 특징은 입구 전면에 설치된 거대한 케노피라 할 수 있다. 산만하게 배치된 노란색의 철제 기둥 위에 파도치는 듯한 유리 덮개가 씌워진 케노피는 2층의 카페테리아 테라스를 덮는 동시에 전면부 입면에 대담한 인상을 부여하고 있는 것이다. 이 건물은 도시중심부로의 연결 요소로서 중요한 역할을 담당하고 있으며 행정 구역으로의 게이트적인 의미로 디자인되어 특징있는 디자인으로 계획될 수 있었다.

또한, 전시 홀에서 보이는 톱니 모양의 지붕 형상은 공장 건축과 같은 은유를 보여주며 지붕의 균배와 맞춘 사선과 수직선의 결합부를 통해 무수한 평행사변형을 외벽에 표현하고 있다. 동, 서측 벽면에는 이러한 기하학적인 패턴으로 한층 고급 예술적인 분위기를 자아내고 있기도 하다.

그러나, 현재 증축중인 건물은 이러한 분위기와는 다소 다른 이미지로 건축되고 있음을 보게된다. 광장 측율 면해 증축되고 있는 부분의 벽체는 검은 무채색의 패널을 사용하고 있으며, 북측으로 증축되는 부분은 매우 실험적으로 매스를 분절하고 독립시켜 이를 무채색 또는 화려한 핑크색 계통으로 마감으로서 새로운 매스의 조합 그리고 은유적인 의미를 띄는 분위기를 자아내고 있다. 반면, 내부에서는 이러한 분위기가 상당부분 기능적으로 처리되어 있어 홀라인이 외부에 보다 많은 의미를 두고 있음을 확인 할 수 있다.

전시실 단면에서 볼 수 있는 바와 같이, 이 건물의 주요 구조는 전시실에 자연광을 도입하는 부분에 집중되고 있음을 알 수 있다. 외부와 달리, 다소 기능적인 내부 공간은 전시공간에 도입될 빛의 사용이라는 측면에 초점을 맞추어, 지붕을 톱니모양으로 디자인했으며 트러스를 사용하는 대신 거대한 철골과 콘크리트 보를 통해 천창의 하중을 처리하고 있는 모습을 볼 수 있다. 광장 측 전면부에 설치된 입구는 거대한 케노피의 구조로 인해 상당부분 건물의 인상을 결정하고 있으며, 외부계단이 이곳에 설치되어 하나의 게이트로서의 이미지를 형상화하고 있다. 전시실 외부 벽체의 구조는 콘크리트 기둥에 시안(cyan) 색으로 도장된 철재 패널을 건식 구조로 마감하고 있으며, 전체 건물의 이미지를 결정하고 있다.

shedhalle
st.pölten

NÖPLAN
HIER ENTSTEHT DAS NEUE
NÖ LANDESMUSEUM
Ein Projekt des Landes Niederösterreich für das neue Jahrtausend
RUSSLAND
WOLGATREIDLER
RUSSLAND
WOLGATREIDLER

SHEDHALLE